"博学而笃志，切问而近思。"

(《论语》)

博晓古今，可立一家之说；
学贯中西，或成经国之才。

复旦博学·复旦博学·复旦博学·复旦博学·复旦博学·复旦博学

复旦通识文库　博学·数学系列

（第二版）

让数据告诉你

LET THE DATA TELL YOU

陆立强　编著

复旦大学出版社

内容简介

在五彩缤纷的现实世界中，到处充斥着数字。这些数字有时会让人看得眼花缭乱，使人心绪不宁。因此，数据的收集、处理、分析尤为重要。掌握正确的数据收集、数据处理、数据分析的方法，由表及里、去伪存真，是人们在学习、生活、工作中必不可少的。

本书用一种比较通俗的方式介绍数据分析的基础知识和基本方法，以帮助人们全面理解和正确把握数据、培养定量化的思维方式。本书具有以下特点：叙述浅显，书中假设本书读者没有学过"高等数学"课程，所以全书没有包含任何数学公式的推导，而采用叙述的方式引入重要的概念，同时把计算公式压缩到最低的限度；案例丰富，书中大量采用案例引入主题；内容完整，本书除介绍数据采集和数据分析外，还介绍了概率和数据决策方面的内容。现有中小学教材中的统计知识基本都可以在本书相应章节找到背景介绍、较为详细的分析和丰富的案例，因此本书也可以作为中小学统计教学的参考书。

作者简介

陆立强，复旦大学数学科学学院副教授。主要研究方向为工业应用数学、大数据及人工智能算法等。

第二版前言

自第一版出版以来,本书先后成为复旦大学综合教育课程和复旦大学通识教育核心课程教学用书,取得了良好的效果,也收到了同行和学生的中肯意见和修改建议.第二版主要在以下3个方面做了修改.

(1) 第七章新增"折线图"内容,第十章新增"离群数判别"内容.

(2) 在第七、第八、第九3章中增加了如何用 Excel 软件实现数据展示和分析,以期帮助读者将所学知识应用于解决实际问题.

(3) 在未改变主要内容和章节体系的前提下,对第一版存在的一些错误和部分文字描述做了修改和完善,以适应时代的变化.

值得一提的是,随着新的《义务教育数学课程标准》和《普通高中数学课程标准》的颁布和实施,我国中小学数学教材中的统计内容从广度到深度都有明显的加强.本书可分为4个部分:第一至第六章介绍数据收集、数据;第七至第十一章介绍数据分析;第十二至第十五章为概率基本知识;第十六至第二十一章介绍数据推断.现有中小学教材中的统计知识基本都可以在相应的章节中找到背景介绍、较详细的分析和丰富的案例,因此,本书也可以作为中小学统计教学的辅助读物.

最后,感谢复旦大学教务处方家驹教授对本书编写、出版和再版的长期关心和鼓励,感谢复旦大学出版社范仁梅、梁玲两位编辑的帮助,也希望继续得到广大读者的批评和指正.

编者

2023 年 2 月

第一版前言

数据在人们的工作和生活中不可避免,但往往也给人枯燥单调的感觉,所以大多数人对它抱着敬而远之的态度.随着信息化时代的到来,各式各样的数据如波涛般涌入社会生活的方方面面,面对这样汹涌的数据浪潮,人们要么被它弄得晕头转向,最终被淹没;要么努力掌握其规律,为人所用,做一名数据弄潮儿.

《让数据告诉你》试图采用一种比较通俗的方式为大学生,尤其是为人文、社科专业大学生,介绍数据分析的基础知识和基本方法,帮助他们全面理解、正确把握数据,在专业学习以及今后的实际工作中习惯运用定量化的思维方式,使看似枯燥无味的数据成为探求真理、解决问题的好帮手.基于上述思想,本书具有以下特点:

1. 叙述浅显

我们假设读者没有学过"高等数学"课程,所以全书没有包含任何数学公式的推导,采用叙述的方式引入重要的概念,同时把计算公式压缩到最低的限度.

2. 案例丰富

考虑到读者来自不同学科和专业,同时也为了说明数据分析方法的广泛应用,本书中大量采用案例引入主题,除了个别案例选自各个学科的专业杂志和书籍外,大多数案例来自发行量大、读者多的报纸和杂志.

3. 内容完整

除了数据采集和数据分析,本书还包含了概率和数据决策方面的内容,因而较全面地向读者展示数据及其应用的整体构架,激发他们进一步学习相关知识的兴趣.

本书分 4 个部分.第一部分主要介绍正确的数据收集的过程和方法,帮助读者识别媒体报道中数据的真伪,做一个清醒的数据"消费者",同时提醒读者在实际工作中避免因为数据本身的错误而导致的错误结论.第二部分主要介绍数据分析的基本概念和方法,读者可以从涉及经济、政治、法律、社会、心理等各个学科的丰富的案例中了解到数据给人们的工作和生活带来的方便,为进一步学习打好基础.第三部分通过一些案例,引入概率的基本概念,其中结合心理学来讲述主观概率,这对于帮助读者理性地面对和处理生活中出现的不确定因素会有相当大的启发.第四部分讲述如何正确运用数据,以减少决策失误的可能性.

　　本书的酝酿和编写自始至终得到了复旦大学教务处的支持和鼓励,复旦大学数学科学学院邱维元教授、金路教授、楼红卫教授也非常关注本书的编写和出版,在此致以衷心的感谢.本书在正式出版前,已经连续3年在复旦大学作为综合教育课程的教材试用,学生们在使用过程中提出了不少建议和意见,促进了本书内容的完善和质量的提高.最后,限于作者的水平,书中缺点和错误在所难免,希望读者指正,联系方式:malqlu@fudan.edu.cn.

作　者

2008 年 1 月于复旦大学

目　　录

第一章 统计的利弊

问题

- 有人认为:办学规模大的公立大学的毕业生中最终成为百万富翁的人数要比办学规模小的文史类学院的毕业生中产生的此类人数多. 你认为如何? 怎样才能证明这个结论?
- 从理论上讲,男性在静止状态下每分钟脉搏数小于女性. 如何进行实际测量以证明这个理论?

§1.1 统 计

在大多数人心目中,"统计"两个字往往意味着诸如某市最近一次人口普查结果、制造业工人的平均收入等一堆枯燥乏味的数字、一个个复杂的数学符号和公式,令人望而生畏. 本书旨在帮助读者从一个新的角度来理解和欣赏统计的知识和方法,使读者读完本书后就会知道:从医学成果的研制到电视节目的编播,人们生活的方方面面都受到了统计的影响,统计方法是现代社会最重要的发明成果之一.

"统计"一词实际上有两种不同的解释,其中广为人知的一种解释是:**统计就是为了某种需要而采集的一组数据.** 其实统计的另一种更确切完整的定义是:**统计是在决策过程中获取和处理信息所采用的一系列步骤和准则**,具体包括:数据收集、数据分析和结论推断 3 个方面.

根据第二种定义,我们可以发现,日常生活中大多数人已经在不知不觉中应用了统计. 比如,你每天读书或者上班有多种线路可以选择,为了确定哪条线路更方便,你会沿着每一条线路反复走几次,然后根据你认为的某些重要条件,如时间长短、红灯数目甚至路边的景观等,选择其中最合适的一条线路. 选择线路的条件还会随着天气、季节的变化而发生改变. 在这个简单的例子中,你的行为实际上就是一种统计,因为你对多条线路的情况做了采集和比较,从中获取了有用的信息并加以处理,最终帮助你做出决定.

读了本书,你将学会如果在面临比以上情况更为复杂的信息时该如何更巧妙地改进收集和处理信息的方法;学会如何解读别人采集处理的信息;掌握面对不确定因素时的决策方法.

案例1.1 控制人的情感的是心脏还是下丘脑?

尽管下丘脑在控制人类情感方面起着重要的作用,但是有一位心理学家注意到这样一种现象:在诗句和歌词中充斥着"爱心"、"全心"之类的词语,人们也习惯于用"衷心感谢"或者"我从心底里爱你"这样的词句表达自己的情感,但是没有人会因激动不已而脱口而出"我发自下丘脑地感谢你"或者"我发自下丘脑地爱你",于是就产生了这样的疑问:为什么人们在表述情感时会如此偏爱心脏?

带着这个问题,这位心理学家对心脏在人际关系中的作用产生了兴趣,他的研究从观察动物园中猕猴的行为开始. 他发现其中一只母猴在 42 个不同场合下环抱小猴的动作中,有 40 次是抱在左胸位置. 然后,他进一步观察出生不满 4 天的婴儿母亲们的行为,发现在 287 位母亲中有 237 位把婴儿抱在左胸,如果将她们按平时用手习惯分成两组,那么这些人在右撇子中占了 85%,在左撇子中占了 78%. 至于为什么会习惯把孩子抱在左边,右撇子说这样可以解放右手,左撇子则认为这样对孩子更好些. 也就是说,双方都把自己的行为解释成喜欢,而不是受用手习惯的影响.

于是,这位心理学家想知道,除了抱孩子使用左手以外,人们在拿其他东西的时候是否也习惯用左手. 于是,他在超市门口观察购物后手里只提一个购物袋的顾客,结果发现在 438 位成年人中用左手的恰好占一半. 但是当人处于紧张状态时,情况就不同了. 如牙科医生在治疗时往往会要求患者手握一只橡皮球来转移注意力,这时候有一大半的人用左手拿着橡皮球.

至此,这位心理学家大胆猜测:"任何生命体所呈现的生物性倾向不是大自然的造化,而是因为生存的需要. "也就是说,大多数母亲把新生儿抱在左胸实际上是因为妈妈的心跳对他们的生存是非常重要的. 为了证明自己的猜测,他设计了一个测试方案并在纽约一家市立医院的婴儿室加以实施. 在实验中,护士们不间断地让一组婴儿听人的心跳声,这样连续 4 天以后,测量他们的体重变化;另一组婴儿则不听心跳声,4 天后也测量体重. 结果,在进食等情况相同的前提下,听心跳声音的那组婴儿的体重增加数要大于不听心跳的那一组(即使体重减少了,其减少数量也小于另外一组);进一步还发现,前者啼哭的时间也更短.据此,他得出的结论是:"成年人的正常心跳声可以安抚新生儿."这也就是新生儿的母亲会不知不觉地把孩子抱在左侧的原因.

　　以上案例说明了在正确的统计方法指导下,科研人员是如何在对一次自然现象的简单观察中,逐步探索发现母亲和新生儿之间的一种重要互动作用.

§1.2　如何应用统计来发现规律、验证关系

　　生活中某些明显的差别用眼睛就可以观察到,比如说:男性的平均身高要超过女性等.但是世界上还有许多现象和规律,单靠眼睛观察是不够的.你能用眼睛观察到"听心跳声的婴儿长得更快"、"服用阿司匹林可以防止心脏病"这样的现象吗?如果有人告诉你"蓝色牛仔裤在某几个月比其他几个月卖得更好","莫扎特的音乐可以提高智商测试中与空间辨别力相关的成绩",你会相信吗? 这些关系都不是凭肉眼可以观察到的,而需要采用适当的统计方法研究以后才能加以证实.

　　那么,怎样才能使人相信你所发现的规律? 下面我们举一个简单例子.为了证明"在静止状态下,男性的平均脉搏数要小于女性",读者可能会先测量自己每分钟的脉搏数,再找一个异性朋友再测量一下,最后进行比较.问题是这样是否能足以说明上述结论的正确性? 答案显然是否定的,因为一组数据根本无法代表所有的男性和女性.

　　上述例子告诉我们,对于未经训练的人,要求其用严格的方法来完成某项研究是不太容易做到的,但是经过简单的训练后,他们大多能够理解专家在研究中所采用的方法.本书主要内容将围绕定量分析研究中的统计方法展开.首先我们结合上述例子来说明其中的 3 个要点.

1. 样本要有代表性

　　为了体现研究成果的重要性,大多数研究人员希望将基于部分参与者的研究结果推广到更大的群体,这样的话,研究对象在大群体中是否具有代表性就十分重要.为了便于叙述,以后我们将参与研究的对象或者人员称为**样本**(sample),样本

所属的大群体称为**总体**(population)(如何选取合适的样本将在第四章介绍). 对于心跳比较问题, 将某个班级同学的脉搏数作为样本可能是一种比较便利的方法, 但是如果此班级中存在影响心跳与性别关系的因素(例如, 学校男子田径队队员全部在此班上), 或者研究者希望把结论推广到和此班级同学年龄分布相差较大的年龄组, 那么上述样本的代表性是有问题的. 尽管如此, 还是有许多研究人员会因为这样或者那样的原因而被迫使用类似数据作为样本, 这种样本通常称为"便利"样本, 其含义将在后面进一步说明.

2. 样本要足够大

即使有经验的研究人员也经常会因为忽略样本个数的重要性而得出错误的结论. 还是以心跳问题为例, 我们知道, 将自己的脉搏数和一位异性朋友的脉搏数比较一次就去验证上述结论肯定是不行的, 那么, 该比较多少人才算多? 2 个人还是 4 个人? 100 个人够吗? 这取决于研究者采集的脉搏数的差异程度. 如果连续几次测量所测得的男性脉搏数都是每分钟 65 次, 女性都是 75 次, 那么很容易得出男女脉搏数存在差异的结论. 但是, 如果男性脉搏数为每分钟 50 次到 80 次之间, 女性脉搏数为每分钟 52 次到 82 次之间, 凭直觉我们知道需要测量更多的数据, 但问题是我们究竟需要多大的样本? 本书会告诉我们如何根据两组测量结果的差异确定所需的样本数.

3. 研究方法要明确

验证某个关系, 一般有**观察法**(observational study)和**实验法**(experiment)两种方法. 如果研究人员只是对样本的某些事项感兴趣, 一般采用观察研究就可以了. 比如对于心跳速度差异问题, 我们只需观察(记录)样本中每个人的性别、脉搏就足够了. 但是, 对于"常服阿司匹林可能会防止心脏病突发"这样的问题, 单纯依靠观察某个人是否常服阿司匹林以及他是否得了心脏病是不够的, 因为那些关心自己健康的人在常服阿司匹林的同时得心脏病的可能会少一些, 而那些不关心健康的人不常服阿司匹林同时也容易得心脏病.

为了证实因果关系, 必须做实验, 也就是先采用类似扔硬币的方法, 把样本随机分成两组[这个过程称为**随机指派**(random assignment)], 然后给其中一组服用药片,另一组则服用外观和真药一模一样的替代品.同时,为了避免实验对象受到我们期望结果的干扰,在实验结束之前所有的人员都不知道自己服用的是药还是替代品.下面我们通过案例简单介绍实验过程,其中的思想和方法将在第五章中详细讨论.

案例1.2　阿司匹林能够防止心脏病吗?

　　1988 年,美国医生健康状况调查研究小组指导委员会公布了一项有 22 071 位男性医生参与的历时 5 年的实验结果,这些医生的年龄在 40 岁到 84 岁之间,结果的主要内容如表 1.1 所示.

表 1.1　阿司匹林对心脏病的作用

条　　　件	心脏病患者数	未患心脏病者数	每千人患病数
服用阿司匹林	104	10 933	9.42
服用安慰剂	189	10 845	17.13

　　参加这项实验的医生被随机分为两组:一组每天服用一片阿司匹林;另一组则服用外表看似一样实际并无作用的安慰剂,两组对象都不知道自己服用的药片中是否含有有效成分.实验结果表明,药物组的发病率只有安慰剂组的 55%.由于医生是随机分组的,可以认为诸如运动次数之类的其他因素对两组对象的影响是相近的,唯一显著的不同是有无服用过药片.因此,我们可以认为:服用阿司匹林导致了该组心脏病发病率下降.

　　值得注意的是,由于当时参加该实验的都是男医生,所以上述结论对一般的男性不适合.同样因为该实验中没有女医生参与,所以上述结论对女性也不适用.不过,近年来这方面新的实验结果推广了上述结论的适用范围.

§1.3　使用不当,错误难免

　　在生活中,由于对统计方法的理解和使用不当而造成的错误、笑话屡见不鲜,试举几例.

例 1　样本不当.

在 1986 年美国总统大选期间,某杂志报道:调查表明美国克莱斯勒汽车公司总裁艾柯卡在共和党总统初选中将以 54%比 46%的得票率击败当时在任的美国副总统老布什. 从新闻角度来讲这可算得上是一件大事情,但仔细阅读以后,我们就会发现这是一项基于该杂志 2 000 位读者的问卷调查. 由这些读者组成的样本能否代表全体美国选民这本身就存在着问题,更何况上述结论只是根据前 200 份答卷整理而成的. 一般情况下,最先收到的答卷往往来自对调查问题有强烈反映的,尤其是希望换总统的人. 所以,这个"样本"无法代表所有参加共和党初选的投票人组成的"总体".

例 2　指标不当.

美国环保署的一项调查表明:1993 年新泽西州的有毒化学物排放在全美各州名列第 22 位,新泽西州环保局因此受到好评. 这项调查的权威性当然毋庸置疑,问题在于这项排名的依据是排放总量,而新泽西州是全美面积最小的州之一,如果将排放总量换算成单位面积排放量,该州将以第 4 名的成绩名列前茅.

例 3　方法不当.

某报曾以"研究表明:吸烟可能会降低孩子智商"为题刊登美联社的一则消息,该消息的主要内容可以归纳为:

> 研究人员发现:二手烟对小孩的智力测试成绩几乎没有影响,但怀孕期每天吸烟 10 支以上孕妇的孩子,在 3~4 岁时的智商测试成绩将比其他同龄孩子低 9 分. 如果排除其他相关因素,例如:二手烟、饮食习惯、受教育程度、年龄、药物作用、父母智商、父母抚养能力、母乳喂养时间等,差别将缩减为 4 分. 吸烟对儿童智商的影响与中等强度铅照射相当.

为了吸引眼球,这篇报道赫然以"研究表明:吸烟可能会降低孩子智商"为题,给读者的印象是"吸烟"和"低智商"有因果关系. 可是读完报道,读者会发现上述结果所基于的并不是实验方法,因为实验就必须规定孕妇去吸烟或者不吸烟,显然这是不人道的,所以这实际上是一种观察研究. 在这种研究中,人们无法排除其他因素对吸烟母亲和孩子智商关系的影响,最多就是将这些因素量化以后用统计方法得出适当的结果. 我们注意到,在经过类似处理后,孩子智商差别从 9 分缩小为 4 分,即使这 4 分的差别我们也不能排除是由于其他未知原因造成的. 因此,仅凭观察研究我们无法确定这是一种因果关系.

案例1.3 中国知识分子真的短命吗?

"中国知识分子短命"曾引起热议,《北京晨报》2005 年 11 月 17 日报道:卫生部副部长殷大奎在北京论坛上透露,中国知识分子中存在着严重的"过劳死"现象,知识分子的平均寿命仅为 58 岁,比普通人平均寿命短 10 岁. 由于这番言论将此前各种有关"知识分子短命"的说法从民间上升到官方,从而在社会上引起了一场轩然大波.

支持这种观点的人不乏理由. 1998 年年底,国家体委研究所发表了一篇关于中关村知识分子健康状况的调查报告,该报告收集了中国科学院下属 7 个研究所,以及北京大学共 8 个单位,从 20 世纪 80 年代末到 90 年代初 5 年的时间内共 134 名死亡人口的资料,统计后得出结论:"中关村知识分子的平均死亡年龄为 53. 34 岁,低于北京 1990 年人均期望寿命 73 岁,比 10 年前调查的 58. 52 岁也低了 5. 18 岁."2005 年 1 月各地媒体接二连三地出现了一些三四十岁知识分子英年早逝的报道.凑巧的是,据媒体报道,他们的死亡原因都是过度劳累以及工作、生活和心理压力过大,这种解释更加支持了上述结论.

但是一些理性的评论者认为,媒体报道是为了突出"中年知识分子死亡"这一事实,国家体委的报告则可能漏掉了大量退休的知识分子,导致计算出的 53. 34 岁可能主要代表了在职死亡的知识分子的平均年龄.同时,他们在 2004 年 7 月开始了一项"中年高级知识分子健康状况调查",这个调查搜集了中国科学院下属的中关村地区附近 18 个院所和北大、清华两所高校在 2000 年 1 月至 2004 年 12 月之间死亡的 436 名知识分子(副高级职称以上)的年龄、性别等数据,对死亡的知识分子平均年龄进行了重新计算. 结果显示,由 3 个单位汇总得到的全部死亡知识分子(包括在职、离休两类)的平均年龄为 70. 27 岁.

进一步,从事相关研究的专家则认为媒体和一些研究者混淆了"死亡人口平均年龄"和"平均预期寿命"这两个人口学指标. 运用"死亡人口平均年龄"指标计算出来的结果会受到死亡人口年龄结构的强烈影响. 如果一个人口群体或民族的年龄结构老化,其平均死亡年龄就比较高;反之,则平均死亡年龄就比较低. 因此,人口学界用平均预期寿命(期望寿命)来衡量寿命,即已经活到一定岁数的人平均还能再活的年数. 在不特别指明岁数的情况下,人口预期寿命或人均预期寿命就是指零岁人口的平均预期寿命. 例如,2000 年中国人口预期寿命为 71. 40 岁,指的是按照 2000 年的死亡水平,刚出生的人口平均可以活 71. 40 年. 媒体报道中把中关村 8 个研究单位的 134 名死亡知识分子的平均年龄(53. 34 岁)误解为知识分子的预期寿命,并将其与全国人口平均预期寿命(73 岁)进行比较,是没有任何科学意义的.

练   习

1. 有时候人们根据教师所获研究经费对大学进行排名.你认为简单地用经费数量的总和来决定其排名的做法公平吗?你认为还可以用哪些指标作为依据?

2. 假设你种了 20 棵番茄,为了弄清楚施肥是否有助其结果更多,随机地抽出其中的一半加以施肥,其余的则不施肥.问:

a) 这种研究采用了观察法还是实验法?

b) 如果施肥番茄的产量比不施肥的高.30%,能否得出结论:"肥料导致植物产量提高"?

第二章　如何解读"数字新闻"

问题

- 报纸的某些专栏经常会刊登读者对有关"工程师会不会是好丈夫"之类的话题的反馈意见. 你认为这些意见可以代表公众的看法吗?
- 一种新的食品上市前, 生产商通常会先请人品尝, 然后对新老产品的味道做一番比较. 如果分发食品的人知道哪些是新产品, 哪些是老产品, 你认为这是否会导致对产品的评价有偏向?

§2.1　理智面对数据

当你打开一份报纸或者新闻杂志, 几乎可以肯定里面有若干条消息的来源是调研报告, 而调研报告往往需要有一些数据作为依据, 因此, 在许多人眼里, 这些数字新闻的可信度要比娱乐新闻的高出许多, 在某种意义上更具权威性. 但如果你是一个理智的读者, 想法就不会这样简单, 因为, 这种消息的正确与否取决于数据的采集、量化和整理过程, 本章将讨论其中 7 个重要的组成部分.

需要指出的是, 本章只是告诉读者在面对日常生活中的各种数据时, 该如何思考才算是一名理智的数据消费者, 而每个部分的详细内容则将在以后各章中逐一介绍.

1. 什么是数据

"数据"在统计学中是一个多义词, 可以指一批有意义的数字, 也可以指一批有意义的非数字信息. 比如, 单纯的 3 个数字 10, 30, 85 不是数据, 但如果这是第一章中关于心跳和婴儿关系研究中测出的 3 个婴儿的体重增加值, 单位为克, 则 3 个数字就变成了数据. 同样, 表 1.1 中的那些数字包含了有关实验中的一些信息, 比如服用药物的人数、服用安慰剂的人数以及是否得心脏病的人数等等,所以这些数字也是数据.

2. 眼见不一定为实

不要总是轻易相信在研究报道中看到的数字,因为它们一般不是原始数据,而是经过加工处理的,相关结论也是别人总结以后摆在你面前的.

§2.2 统计数据可信度的七要素

如果你是个体育迷,你就会知道比赛报道中应该包含哪些信息,一旦有要点被遗漏立刻就会发现.如果你亲历的事件日后被登上了报纸,你就会发现如果报道中遗漏了某个信息,就会误导读者得出错误的结论.对调查或实验结果的阅读和理解也基本如此,但遗憾的是,这方面的报道往往会遗漏或忽视一些关键信息.本节内容将告诉你统计研究报道中应该包含哪些信息,并通过实例指导你如何找出被遗漏的信息以及如何解释报道的结果.这样,你就能够自己做出结论,不会轻易受其他人摆布.

首先我们列出影响统计研究结论可靠性的 7 个要素,一篇好的统计研究报道应该提供与之相关的所有信息:

a) 调查的发起人和资助方;

b) 与被调查者直接接触的人员;

c) 被调查对象及其选择方式;

d) 调查时所提问题及其答复的确切含义;

e) 回答问题的环境;

f) 对比组之间存在的其他差别;

g) 结果所示效应或差别的重要程度.

下面我们逐一予以解释.

1. 要素一:调查的发起人和资助方

一般以下 3 种情况需要进行统计研究:

a) 政府部门或者企业为了使决策符合实际情况,需要诸如失业率、消费模式之类的各种数据;

b) 在个人或机构(大多数是政府部门)的资助下,大学或研究机构的研究人员通过认真提问和反复实验,解决了人们广为关注的问题,从而推动社会、医学和科技等方面的进步;

c) 企业需要提高顾客对其产品的信任度以及在服务方面超过其竞争对手,或者特殊利益团体为了证明其观点已经被大多数人所接受.

研究的经费来源一般不容易被发现,尤其是在大学里开展的由私人公司资助的研究. 有学者就曾警告说:

> 私人企业发现,与其做许多在别人眼里是伪造的内部测试,还不如取得学术界、政府或者商界研究人员的支持,这样做既省钱又具权威性. 公司、当事人、政客、商会、说客、特殊利益团体等都可以花钱买到他们喜欢的研究结果.

如果你发现某项研究的资助者是一个可能非常希望得到某种特殊结果的团体,那么研究其调查方法的科学性尤为重要,这时必须对以下 6 个要素做出令人信服的解释.

2. 要素二:与被调查者直接接触的人员

因为被调查者的答案或者行为方式经常会和调查人员的意愿完全一致,所以了解哪些人与被调查者直接接触、他们如何向被调查者透露信息是至关重要的. 比如在购物中心做一项关于某种新老品牌食品的比较调查,调查人员往往会要求顾客先品尝这两种产品的口味,然后说出自己喜欢的那一种. 这时如何向被调查者提供食品在调查过程中就非常关键. 正确的做法是调查人员应该同时向顾客提供这两种产品,在顾客做出选择之前不能透露任何关于产品的品牌信息,哪怕是一丝的泄露也会导致顾客选择自己熟悉的老品牌. 同样,如果调查人员有明显希望顾客选择其中某个品牌的倾向,顾客很有可能会给个顺水人情,以免大家扫兴.

3. 要素三：被调查对象及其选择方式

这个要素的重要性在于让你知道调查结果的适用范围. 例如,直到现在许多医学实验只把男性作为对象,由此得出的结论对女性的意义就不大. 另外,许多研究对象是看了报纸以后志愿参加的(一般会有很少的报酬),他们和一般人相比还是存在某些实质性的差别,比如他们通常对这个问题有很强的感触,所以更喜欢参加这样的调查研究.

4. 要素四：调查时所提问题及其答复的确切含义

要准确定义和答复研究人员关心的问题是不容易的. 比如,你想调查某人是不是每天吃早餐,首先就必须准确定义什么是"早餐",果汁算不算? 如果某人一直工作到上午 10 点钟才用餐,然后一直到晚上才吃饭,那么上午用餐算不算早餐? 所谓"听话听声,锣鼓听音",在你阅读别人答复的信息时,要准确理解其中的真正含义. 有时候,问题中所用的词汇以及提问的先后次序,也会对回答产生影响. 比如,同样的问题,采用"流浪者"措词和采用"无家可归者"措词,将会引出两种不同的回答. 所以,调查所用的问卷对于读者理解调查结果是非常重要的.

5. 要素五：回答问题的环境

环境因素包括:提问的时间、地点和方式(例如:电话询问、函件询问或者当面询问),其中时间安排很容易使结果产生偏差. 如果你想就"罪犯是否应该被终身监禁"做一次调查,那么在发生了一个轰动一时的谋杀案或绑架案后进行调查的结果和在其他时间进行调查的结果会有惊人的差异. 如果采用电话调查且总是在傍晚进行,那么必然会有一部分特殊的人群没有被调查,比如晚上加班的人和经常在饭店吃饭的人.

提问的地点也会影响结果. 某些敏感问题(如性行为、个人收入等)采用电话调查所得到的结果可能会准确些,因为被调查者会认为这样不容易被人发现自己的真实情况而更坦诚一些. 有时,在大学图书馆、实验室或者办公室等场合所做的调查结果不宜推广到一般的自然场合. 比如,研究两个人如何交流,往往会请他们坐在办公室进行一次交谈,在旁边还放上一台录音机,和自然环境相比,这种场合的谈话涉及的范围就会狭窄一些.

6. 要素六:对比组之间存在的其他差别

当几个小组在人们感兴趣现象上的表现存在差异时,研究人员总是试图把这种差别归于各小组成员的资格不同,这种情形在生活中是经常发生的. 例如,吸食大麻的人的智商比不吸的人的要低一些,研究人员就会得出结论:智商低是因为吸大麻引起的. 但在这些小组中经常还会找到其他的差别,它们同样可以解释我们所看到的现象,比如吸大麻的人往往也属于缺乏学习动力的一类,他们无论是否吸大麻,成绩普遍不佳. 所以,研究报道应该对可能导致差别的其他因素做一个说明. 有关这方面的内容,第五章将给予详细的介绍.

7. 要素七:结果所示效应或差别的重要程度

媒体关于统计研究的报道一般不会告诉你某项研究产生的效应的影响程度有多大,这使我们难以对这项研究的实际意义做出判断. 例如,案例 1.2 如果只是告诉你每天服用阿司匹林可以减少心脏病发作的机会,你就很难判断是否自己也去服用一下. 如果你知道在参加实验的男性中,心脏病发病率从不服药的每千人 17 例减少到服药后每千人 9.4 例,情况就会不同. 许多新闻只是简单报道某种新的有效治疗方法或者新发现的差别,却没有提供进一步的资料.

§2.3　两则虚拟新闻

为了说明以上要素的重要性,我们虚拟了两则要素不全、问题比较集中的"新闻". 如果生活中的新闻都属于这一类的话,那舆论的准确性就要大打折扣了.

例4　(新闻报道)研究表明:心理学专业的学生比化学专业的学生更聪明.

为了完成毕业论文,一位四年级心理学专业女生调查"心理学专业的学生是否比化学专业的学生要聪明一些". 调查分别在 5 个心理学专业高年级课堂和 5 个化学专业高年级实验室进行,要求在场的学生分别写下他们的平均绩点和所在专业. 经整理后心理学专业学生的平均绩点为 3.05,化学专业学生的平均绩点只有 2.91. 这项调查是在星期三(学生在家享受国庆节大餐的前一天)进行的.

分析

要素一:这是一位心理学专业学生为写毕业论文而做的调查. 可以假定这种调查的成本不高,付给被调查者的费用也不多. 尽管只要调查方法得当,可以使调查者对结果的干扰倾向降至最低,但也不能排除这个学生有试图证实心理学学生更聪明的可能.

要素二:可以假定调查者直接与被调查者接触,那么报道就遗漏了一个重要因素:她是否把调查的目的告诉他们,即便她不说,心理学专业的学生会因为相互认识而猜出这项调查的目的,这样就可能导致结果产生偏差.

要素三:被调查者的选取是导致结论错误的关键因素. 他们分别选自心理学专业和化学专业,只要采样得当,这样的选择是对的. 问题是提问只对正在上课或者做实验的学生,而对于那些成绩较差、经常逃课的学生来说,不上课被老师发现的可能要比不做实验被发现的可能小一些. 如果这种假设成立,那么心理学专业中绩点较低的学生因为逃课而未接受调查的人数要比化学专业的多,这样被调查的心理学专业学生的平均绩点与全班同学实际平均绩点的误差要大于化学专业的学生.

要素四:调查时要求学生自报成绩. 一般比较准确的做法是从学校教务部门获取绩点,因为学生有的可能不知道,有的则可能记不准. 另外,如果一组同学报得比较准(比如化学专业学生因为要报考医学院而非常关注自己的绩点),而另一组不准,也会影响结果. 即使上述情况都不发生,研究人员把平均绩点作为判断学生是否聪明的标准也值得商榷.

要素五:报道说明调查是在一个重要节日的前一天进行的. 除非是走读学校,一般这种时候许多学生已经回家过节了,这样,心理学专业学生中逃课的会更多一些,数据的可信度就更打折扣了. 我们还注意到,在提问时不知道被提问者的名字,这样如果事后发现绩点数据有错误,也无法进一步核对.

要素六:这所大学是虚拟的,因此也就难以指出两个班级学生还会有哪些不同的地方. 但是,一般情况下因为心理学相对比较热门,大学里选修心理学专业的学生的平均绩点会比较高一些,而在有独立医学专业的学校,最好的理科学生一般不会去学化学. 如果上述虚拟的大学也存在这样的情况,那么出现这样的结果也可以有另一种解释——不是专业导致学生绩点的不同,而是不同绩点的学生选择了不同的专业.

要素七:这篇文章没有关于这种差别重要程度的信息,所以还需要了解其他有用的补充信息. 例如,被调查的学生人数以及在该专业学生中所占比例、两组学生各自的绩点变化程度等.

例5　(新闻报道)研究人员找到了防止狗乱叫的药物.

犬吠扰邻是一个现实问题,许多人都有过被邻居家宠物狗的叫声闹得整夜不得安睡的经历. 本地一所大学的研究人员试制了一种可以使狗平静的新药.为证明疗效,他们在报纸上刊登广告,希望那些因为自己的爱犬乱叫而发愁的主人带"志愿狗"参加实验. 结果有20条狗报名参加,它们被随机地分成两组. 由于场地限制,一次只能安置10条狗,两组狗分别在两个周末进行实验,其中一组被注射药物,另一组(对照组)没有被打针. 这些狗在研究所过一夜,研究人员用录音机记录它们是否发出叫唤声. 研究人员采用多种方法,比如按动物研究所的门铃、让邮车开到门前等,刺激这些狗叫起来. 通过对录音进行分析,发现被打过针的狗发出叫声的时间只有对照组的一半.

分析

要素一:该报道没有告诉我们进行这项实验的原因. 可能是因为研究人员对解决这种社会问题有兴趣,也可能不是. 还有一种并不少见的情况是某制药公司委托该大学检验一种新产品的疗效或者某种老产品的新用途,在这种情况下,研究人员难免希望实验结果能够证明药品的疗效. 当然,只要实验过程合理,这种倾向不会是影响结果的主要因素,但如果研究的确是得到某私人公司的资助,那么报道应该透露这方面情况.

要素二:没有报道哪些人直接和狗有过接触. 因此带来的一个重要问题是:两次实验是不是由同一批人员主持的? 如果不是,结果不同就不难解释. 另外,我们也不知道这些狗是被关在一起没人管呢,还是大多数时间有人照看. 如果是后者,那么研究人员对待狗的态度也会是影响狗叫的原因.

要素三:研究使用的令人厌烦的狗都是他们的主人自告奋勇带来的. 尽管报道没有谈及其中的报酬问题,但是志愿者因此获得适当的补贴也是司空见惯的. 进一步我们可以假定志愿者一般住在该大学附近,并且为了参加实验,还愿意在周末让自己的宠物和自己分开一个晚上,所以这些狗和它们的主人的代表性就值得怀疑了. 另外,由于这些狗是圈养在一起进行测试的,因此我们无法区别导致每条狗乱叫的诱因(比如有些狗乱叫是因为感到孤独而需要主人的帮助),所以,我们不能据此认为这种药物对所有的狗都有类似的效果. 不过,因为分组是随机的,所以我们有理由相信如果这种药物的疗效确切,那么对所有这一类的狗都应该是有效的.

要素四:研究人员是根据录音来判断狗是否在狂叫,问题是录音机录下的是一个小组中 10 条狗的叫声,而狗对其同类的叫声相当敏感,一条狗发出的叫声会引致所有的狗叫个不停. 这样,只要对照组中有一条狗特别爱叫,整个一组就不得安宁. 所以,如果能够将这些狗圈在不同的场地并逐一记录其叫声,研究效果会更好一些.

要素五:两组狗在不同的周末进行测试,这就会导致其他问题. 首先,研究人员会知道哪一组是实验组、哪一组是对照组,可能会在无意识的情况下比较多地逗弄对照组. 另外,天气情况也可能不同:一天是晴天,一天是下雨天;交通情况也可能不一样:一天道路畅通,喇叭声少,另一天则喇叭声不绝,甚至还有小飞机在天上飞过. 如此这般,不一而足. 这些因素同样会造成不同的结果,但都被实验人员忽视或者未在报告中加以说明.

要素六:随机分组可以在总体上使两组狗在大小、习性方面的差别做到最小,但由实验方法造成的差别依然存在. 除了我们已经指出的实验日期不同以外,还有:实验组的每一条狗都要通过注射接受药物,而对照组的狗却不需要挨这一针,可能就是这一针使实验组的狗儿们变得乖乖的,就像人们为了让吵闹的孩子安静下来,常用"你再不乖,我去叫医生啦!"之类的话来吓唬他们. 所以,如果我们也给对照组的每一条狗来一针的话,则结果的可信度就更高. 当然,给对照组的狗注射的应该是生理盐水之类的无毒液体.

要素七:报道只是说实验组的狗叫的时间是对照组的狗叫的时间的一半,没有说时间有多长. 如果实际结果分别是 4 小时和 8 小时,那么按一天 24 小时计算,药物解决狗吠扰人的问题并不是一个令人满意的途径.

§2.4 如何制定调查计划

假设你家附近有 3 家超市,你想确定哪家的价格最便宜,以便常去购物. 显然你无法记录整理每一家超市的所有商品,只能采用抽样方法. 下面就结合 7 个要素,介绍制定该调查计划时应该注意的问题,从中你可以看到:即使像这样一个简单的调查,也会有许多问题需要给予明确的回答.

1. 调查的发起人和资助方

可以确定你就是这项调查的发起人和资助方,但是在调查开始之前,你应该明确这样做的原因,是因为对你常买的商品感兴趣,还是对超市销量大的商品感兴趣.

2. 与被调查者直接接触的调查人员

这个问题中,调查人员就是去商店记录价格的人,是你亲自上阵还是委托你的亲朋好友,或者你和他们分工负责? 如果有别人参与,你必须对他们进行必要的培训,这样可以避免出现含糊不清的问题.

3. 被调查对象及其选择方式

这里的调查对象很明显就是超市里出售的食品和杂货,但选择哪些商品却不是那么简单的. 首先是采样的范围就值得研究,最直接的是将所有超市都供应的商品作为调查范围,但是万一一家超市只供应自有品牌的商品,而另一家却只卖名牌商品,这种选择就会有问题. 另外,如果你的调查只是为了想少花点钱,那么调查范围只需包含你经常购买的商品就可以了. 但是如果你想和别人分享你的调查结果,那么就要从超市的成千上万种商品中选择最常用的.

4. 调查时所提问题及其答复的确切含义

这个要素在大多数人眼里可能是最没有异议的,超市里所有商品的价格都是一分一厘明码标价的. 但是,如果列入调查范围的某种商品在一家超市降价销售,那么是记录促销价还是记录原价? 如果同一种商品有不同规格定价,那么是记录规格最小的还是记录规格最大的? 如果你对洗衣皂的品牌不十分讲究,而有一家超市总是降价销售某种品牌的洗衣皂,那么是记录你常买的那一种,还是记录正在促销的那一种?

5. 回答问题的环境

大学城里的超市通常会在开学前对学生用品搞促销;许多商店在重要节假日到来之前也会搞促销,例如,在教师节前促销贺卡,在情人节前促销鲜花.所以调查的日期对数据的影响也要加以考虑.

6. 对比组之间的其他差别

如果调查是为了使你自己的购物支出最少,则应该考虑购物的隐性支出.比如:付费是不是需要排队、排队时间、收银员的差错率、用银行卡付费的手续费、开车到超市的费用等等.

7. 结果所示效应或差别的重要程度

如果你想依据统计结果来决定去购物的超市,这时差别的程度问题必须加以考虑.即使某家超市的价格比其他超市的要低些,但你往往会发现其实这种差别并不显著,就算一年到头都到那儿去购物,也节约不了多少钱.所以明确差别的程度对于决策过程有重要的作用.

案例 2.1 **统计错误使 Brooks 鞋业公司输了官司.**

1981 年 Brooks 鞋业公司把 Suave 鞋业公司告上法庭,称后者未经许可使用了自己生产的田径鞋上的 V 字标记.因为 V 字标记并不是 Brooks 产品的注册商标,根据相关法律,法庭除了应该断定这个标记的独特性以外,还要确定其有没有可能的引申含义,所谓引申含义是指由于商品或商标的类似使购物者购买时产生了混淆.

为了证明 V 字标记对购物者有引申含义,Brooks 公司在 3 场田径运动会上调查了 121 个观众和运动员,有一项调查内容为"先出示一双抹去 Brooks 公司名字的鞋,然后请他们说出它的生产厂家".结果有 71% 的人回答是 Brooks 公司,其中有 33% 的人说是因为看到了 V 字标记.调查人员采用同样的办法请他们辨别一双

Suave 公司的鞋,结果有 39% 的人认为这是 Brooks 公司的产品,其中有 48% 的人说是因为看到了 V 字标记. Brooks 公司认为这足以证明 V 字标记使消费者把 Suave 公司的产品误认为是 Brooks 公司的.

Suave 公司请了一位统计学家作为专家证人,他指出了上述调查中存在的诸多不足. 这些不足可以根据 7 要素法来分类. 例如,调查是由 Brooks 公司发起和资助的,参与调查的律师当然要听公司的话,违背了调查的要素一;法庭认为"调查人员在如何使被调查者公正回答问题这方面缺乏必要的培训",这样 Brooks 公司就违背了调查的要素二;被调查者中有 78% 的人接受过高等教育,这个比例远远超过了当地的平均水平,选取的被调查对象不能代表当地的普通居民,这违背了调查的要素三;所提问题的表达有倾向性,如在出示鞋子时的问题是:"我要给你看一只鞋,请告诉我你认为它是什么牌子的?"这种提问方式容易导致对方以为这是一双名牌鞋;在后面还有一个问题:"你了解 Brooks 跑鞋有多长时间了?"这样,被调查者可能会事后告诉别人做调查的是 Brooks 公司,万一这个人被选为另一个与此有关的调查对象,就会导致明显的倾向调查,这违背了调查的要素四;调查安排在田径运动会现场,那里的人可能对田径鞋比较熟悉,这违背了调查的要素五.

为了赢得这场官司,Suave 公司也做了一项调查,这项调查是从近一年内购买过任何一款田径鞋的顾客中抽样选取 404 个,其中只有 2.7% 的人士表示是因为 V 字标记而认出这是 Brooks 公司的产品.

以上两次调查,一个考虑欠周,一个方法得当,对比两者结果,法院认定:公众把 V 字标记和 Brooks 公司相关联的程度不足以使 Brooks 公司拥有对 V 字标记的合法权利.

练　习

1. 假设你每天喝两杯咖啡,你的家人有与高胆固醇相关的心脏病史. 而某项调查发现:喝咖啡会使胆固醇指标升高. 那么在你决定是否放弃喝咖啡的习惯之前,你最关心这项调查的哪 3 个要素?

2. 专栏作家安·兰德斯曾经向读者问过这样一个问题:"如果一切重新开始,你愿意生孩子吗?"在收到的 10 000 份答卷里几乎有 70% 说"不". 但是,美国《新闻日报》发起一个专业化的全国性抽样调查,在抽出的 1 373 对夫妻中,有 91% 愿意生孩子,请根据 7 项要素分析为什么会有两种相互矛盾的回答.

第三章　如何采集数据

问题

- 如果你对人们心目中什么是当今社会所面临的最重要问题有兴趣,那么在调查中是采用固定的选项供人们选择,还是让人们自由发表意见? 两者的优缺点各是什么?
- 用一把 10 厘米长的尺去测量游泳池的宽度,得到的数据是 24.97 米. 由此得出的结果可靠吗? 其中会有什么问题?
- 如果一个人用同一套标准智商测试题测了两次智商,你认为结果一定相同吗? 如果不同,会是什么原因?

§3.1　数据采集并不简单

读了上一章关于调查过程中需要考虑的 7 个要素,你会发现:采用定量分析方法要求研究人员对一些看似简单的问题做深入的思考,其中最难的要算要素四——究竟什么是你想要的结果或者说调查时该如何提问. 本章将关注如何定义调查的结果以及被调查者对此可能会产生的误解.

在调查研究中,如何采集信息、如何提问、如何量化结果是重要的工作步骤,它们对于调查结论的研判起着十分重要的作用. 举一个看似轻而易举的例子:"测出你自己的身高",你会发现,在重复测量的结果中都存在着误差,如果用毫米为单位,这种误差还真不小呢! 而其他诸如"饮食中的脂肪含量"、"人的幸福程度"等等需要量化的东西,就更加复杂了.

§3.2　都是问题惹的祸

有人做过一个实验,先让一批大学生看一部关于汽车事故的录像片段,然后分别提问. 其中给一个小组的问题是:"当两辆汽车相互接触的时候,它们的速度有多大?"回答平均速度为每小时 50 千米. 给另一个小组的问题是:"当两辆汽车相互撞击的时候,它们的速度有多大?"回答平均速度为每小时 65 千米. 同样的场景,"接触"和"撞击"一词之差导致速度估计每小时相差 15 千米,足以见得如何提问是何等重要.

具体来讲,不恰当的调查提问可以分为以下几种.

1. 故意偏向

有时为了使调查结果满足某种需要,问卷会提出一些带有一定偏向的问题. 例如,对于与自己关系不是十分密切的问题,大多数人一般情况下不愿使提问者扫兴,因此对于诸如以类似"你是否同意"这样的词句开头的问题,他们一般总会简单地用"是"加以答复,除非他有明显的不同意见.

例如,一个反对堕胎的组织和另一个赞同堕胎的组织都想通过调查来看看自己的支持率究竟有多少,那么对于堕胎是否违法的问题,如果采用以下两种不同的提问方式,得到的回答显然会大相径庭:

a) 你是否同意谋杀无辜生命的堕胎行为是合法的?

b) 你是否同意在某些情况下为了维护母亲权益,堕胎是一种合法行为?

2. 无意偏向

无意偏向是指问题的遣词造句会使大多数被调查者产生误解. 比如,英语中"drug"一词有多种含义,可以指药品也可以指毒品,药品又可以分处方药和非处方药两种,甚至连咖啡因也可算 drug,所以问题中用到 drug 的时候应该加以说明. 又如,要别人回忆一生中最重要的日子,应该讲清楚这是日历上的一天还是诸如和某人的一次相聚等. 即使像"判断某种水果是否干瘪"这样看似人人都知道的问题，如果不花费一些口舌，我们将无法避免"公说公有理，婆说婆有理"的尴尬局面.

3. 投其所好

对于一些与社会主流不符合的习惯和观念，有的被调查者即使内心赞同，但是在别人当面征求意见的时候，他的回答可能是反对的. 反之，即使他个人并不赞同某些符合主流的观点，却会随大流表示同意. 比如，估计某地香烟销量的一种办法是将人均吸烟数乘以人口数，但是据此估算出的香烟消费量往往与实际销量不相符合. 其中的原因不乏两条：一是"被调查者没有实事求是地回答问题"；二是"许多人买了香烟并没有抽完，而是扔在垃圾桶里了".

4. 对牛弹琴

对自己不懂或者没有想过的问题，被调查者往往不愿意承认自己一无所知. 有人曾做过一次实验，要求人们把美国的各少数族裔的社会地位进行排序，调查虚构了一个少数族裔——"威希安人"，结果竟然有约 30% 的被访者对这纯属子虚乌有的少数民族做了这样或者那样的点评，更令人不解的是："威希安人"的社会地位还排在了其他 6 个真正的少数族裔之前.

对投票率进行民意调查时，如果直截了当地问对方是否投过票可能无法得到正确的结果，因为大多数人会给予肯定的回答，但实际上投票率取决于那些真正参加投票的人. 所以，民意调查专家通常会以"你是在哪个地方投的票？"这样的方式来提问，如果被调查者没有投过票，一般无法给出正确的答案，这样有助于判定对方是否真正参加过投票.

5. 故弄玄虚

为了让人明白，调查问题的表述不能太复杂，但是有的调查却把涉及两种不同情况的问题合在一起提问，这会让人不知如何回答. 例如，在关于医疗制度改革的问卷调查中出现了这样的问题："你是否支持国家的医疗保障计划，因为它将保证人人享有健康保障？"如果你回答"是"，是表示你同意人人享有健康保障这个理念还是同意国家的医疗保障制度？还是两个都同意？如果你同意理念，但是不同意这个计划，那该如何回答呢？

6. 请君入瓮

一些问题通常情况下不被人关注，而你却要求被调查者就此发表意见，那么你所提问题的次序可能会影响调查的结果. 比如在某项调查中，你先问被调查者："你认为目前青少年对同伴酗酒的担心已经到了什么程度？"然后再对被调查者说："请你列举青少年面临的前 5 位最大的压力."这样，被调查者很有可能凭你刚刚给他留下的印象而把酗酒问题列在其中了.

7. 引人撒谎

对于涉及个人收入、性行为等方面的调查，如果被调查者认为自己完全是匿名的，那么他的回答会比较坦诚；反之，将会比较犹豫甚至伪装. 如果研究人员还需要跟踪调查的话，那么所谓的"匿名调查"就形同虚设了. 这时比较可行的办法是确保他们的个人隐私不被公开，也就是调查人员要承诺不透露可以识别被调查者身份的任何信息.

§3.3 开放式问题和封闭式问题

调查中，被调查者用自己的语言回答的问题称为**开放式问题**（open question）. 与之相对的是**封闭式问题**（close question），这种问题会提供现成的答案供选择，为使被调查者不受现有答案的限制，通常会把"其他"列入最后的选项.

1. 封闭式问题的局限性

为了证明封闭式问题的局限性，1987 年美国有人以"社会面临的最重要问题"为题做了一次调查. 在随机抽取的被访者中，有一半(171 人)接受开放式问题的调查,答案中提及最多的有:失业(17%)、一般经济问题(17%)、核战争的威胁(12%)、外交(10%),也就是说超过一半的人至少提出了上述问题中的一个. 另一半人则接受了封闭式提问,给出的固定答案为:能源短缺、公立学校的质量问题、堕胎合法化、环境污染,问卷同时还指明"除固定选项外,你还可以列举其他你认为最重要的问题". 结果被选答案的选择率依次为:5.6%、32%、8.4%和14%,约占总数的60%. 而在开放式提问时,提及其中一个答案的被访者的总和只有2.4%. 所以,如果政府部门只依据自己所关心的问题进行封闭式调查,并据此来制定政策,则可能会偏离广大民众真正关心的问题.

2. 开放式问题的局限性

如果有数以万计的人接受调查的话,开放式问题答案的整理和分析将费时又费力. 另外,它也可能会无意中限制被访者的思路,使他们来不及考虑到某些答案,而那些答案如果在封闭式问题中出现的话,很可能会引起被访者的共鸣.

例如,有人要求347位被访者"举出近50年里美国或世界上最重要的一至两件大事",最常见的回答有:第二次世界大战(14.1%)、太空探索(6.9%)、肯尼迪遇刺(4.6%)、越南战争(10.1%)、不知道(10.6%),占总数的46.3%. 然后,用同样问题,只是将上述答案再加上"电脑的发明"一共6个选项以封闭方式对另外354人做调查,结果是:选第二次世界大战的为22.9%、选太空探索的为15.8%、选肯尼迪遇刺的为11.6%、选越南战争的为14.1%、选电脑发明的为29.9%、选不知道的为0.3%,占总数的94.6%. 其中,选择"电脑发明"的人最多,而在开放式问题中提及此项的人只有1.4%. 显然,此开放式问题本身导致被调查者更多地去想哪些"事件",而不是哪些"变化",因此"电脑的发明"少人问津就不足为奇了. 但是,一旦作为一个选项,倒提醒人们认识到这的确是近50年最重要的事件或变化之一.

综上所述,开放式问题和封闭式问题各有利弊. 在实践中,我们可以在小范围内尝试采用开放式问题做调查,最大可能地获得各种信息,然后将所得结果中最普遍的答案加上一些无人提及但又十分重要的选项,作为封闭式问题的选项,进行大范围的调查,以避免可能发生的错误.

作为读者,解读调查结果时不妨再问一问调查是采用"开放式提问"还是"封闭式提问",如果是后者的话,还应该了解供选择的选项是什么,是否允许被访者采用"不知道"或者"不予评述"作为回答. 这样才会对调查结果有比较全面、正确的解释.

§3.4　注意调查的评估指标

正确理解某项调查或实验的结果还依赖于准确掌握其评价指标,对于一些看似一目了然的指标,尤其要注意避免用大家熟知的方式去理解,要尽可能得到其确切的含义.例如,在一般民众看来,凡是尚未领取养老金却待业在家的人就是失业者,但是在社会福利比较健全的社会,确实有一些人靠领取失业金为生.所以在中国,失业率分登记失业率和调查失业率两种,它们的区别在于:

a) 调查对象的范围不同.登记失业率的调查对象规定为户口在城镇的劳动力.户口不在城镇的,尽管他(她)在城镇工作了很长时间,也不能作为登记失业的对象.而调查失业率的对象为城镇常住人口的劳动力.常住人口不仅包括户口在城镇且常住城镇的劳动力,还包括户口不在城镇,但在城镇居住半年以上的劳动力.

b) 对失业的认定不同.登记失业率是已在劳动就业部门登记为确定失业的主要标志,但目前有不少失业人员虽处于失业状态,但并未去就业部门登记,而是以其他形式在寻找工作.统计部门调查的失业登记是:在城镇常住人口中,16 岁以上、有劳动能力、在调查周内未从事有收入的劳动、当前有就业可能并正在寻找工作的劳动力.

而到目前为止,中国官方公布的失业率数据为城镇登记失业率,这样就是百姓感觉的失业率比官方公布的数据要高的原因.

以下列举的是在新闻报道中常见的,但却需要受众自己准确理解和做出判断的对象.

1. 难以精确定义的概念

有时候,理解错误并非因为语言使用不当,而是某些概念本身定义有误.以判定学龄儿童智力水平的智商(IQ)测验方法为例.在该测验中,首先是将被测验对象的测试答案和大量"正常"儿童的答案相比较,以判断其相应的"智力年龄",再把智力年龄和实际年龄相比就得到他(她)的智商.比如,一个 8 岁儿童的测试成绩和 10 岁的"正常"儿童相当,那么他(她)的智商为 $100 \times (10 \div 8) = 125$.智商测试自

20世纪初诞生以来,虽经不断发展和完善,但有关它的争论却始终不绝.其中的一个原因就是智力的含义非常难以定义.如果测试的人对自己的测试标准都无法完全认可,又怎么能保证测试的结果有说服力呢?

2. 主观愿望和情感

在衡量自尊心、满足感这样的主观情感因素时,也存在相似的问题.度量这类因素的一种最常用的方法就是要求被访者先阅读一段陈述,再决定自己对内容的认同程度.比如,对"我每天早晨起床总是感到心情愉快"的回答可以分成"非常不同意"到"非常同意"若干等级.

3. 广告中的统计数字

限于文字和篇幅,某些广告往往只把调查结果直接告诉受众,而忽略了调查的提问方式.比如一项调查提供3个选择来比较人们对两种香烟的喜爱程度:A.喜欢A品牌　B.喜欢B品牌　C.一样喜欢.调查结果是:选A的有36%,选B的有40%,选C的有24%.据此,香烟A的广告就会这样:"A香烟打败B香烟:有60%的人认为香烟A的味道不比香烟B差."

§3.5　有关数据的一些术语

以下我们给出一些关于数据术语的定义,其中一些术语在日常生活中也经常使用,但是作为专业词汇使用时,含义略有不同.

1. 分类变量(categorical variable)

分类变量的数据可以被明确地分成没有逻辑顺序的类.这种变量包括:性别、民意调查结果、健康状况等.分类变量的不足在于难以用数值方法进行处理,比如我们不能说"社会面临的平均问题",但是我们可以算出新生儿的平均体重.

2. 度量变量(measurement variable)

像 IQ、年龄、身高、每天吸烟数这类可以用数字记录的变量为度量变量,它们可以按大小排序,也可以进行各种数值计算,但是并非所有的数值结果都有实际意义. 例如,你家的 4 个成员中,只有 1 个人吸烟,每天吸 20 支,其他人都不吸烟. 你可以精确地算出你家人均每天吸烟 5 支,但如果其他人只知道人均数,不知道上述情况,就会对你家吸烟情况得出错误的结论.

3. 离散度量变量(discrete measurement variable)

可以采用计数方式得到的度量变量. 例如,在某一段高速公路上发生的事故数.

4. 连续度量变量(continuous measurement variable)

可以在一定范围内任意取值的度量变量. 例如:身高、年龄.

5. 有效度量(valid measurement)

可以根据事实验证的度量变量. 例如,出生年月属于有效度量,但是情商不能算有效度量. 有效度量的一个实际问题就是房屋的价格该如何表示. 关于房价,有广告价、开发商报价、实际成交价等等,其中只有成交价才是有效价格. 要决定某个变量是否有效,必须知道它所衡量的对象. 许多美国读者在了解了其官方失业率的真正定义后,往往认为这不是衡量失业情况的有效度量,因为它不包括消极就业者,因此也就低估了实际的失业情况. 但实际上政府的统计数字是依据"民用劳动力"中的"未就业"标准所得出的,因而是有效的. 产生上述问题的根源在于一般民众不了解政府数据的出处.

6. 可靠度量(reliable measurement)

在日常生活中,"可靠"一词意味着我们可以一次又一次地依靠某人或某事. 例如,一辆可靠的汽车保证了我们随时可以将其发动,并随心所欲地开往任何一个地方;那些总是和我们在一起,而不是有时会因为太忙、没空为我们操心的人是可靠的朋友.同样地,一个可靠的度量是使我们可以在不同时刻,从同一个对象得到(几乎)一样的测试结果.例如,在房屋中介机构登记的房价有时并不是房价的有效度量,但的确是一种毫无异议的不可随便改变的价格.

在心理测试和智力测试中,可靠性是一个非常有用的概念.比如,我们暂且不管智商测试到底能不能真正反映人的智力(这属于有效性讨论的范畴),它至少应该保证我们对同一对象的测试有相同的结果.如果某人在两次智商测试中成绩各不相同,一次 80 分,一次 130 分,那么智商测试的结果显然令人怀疑.事实上,常用的智商测试结果是相当可靠的,数据表明:两次测试的分差在 2 分到 3 分之间的占总数的 2/3,绝大多数情况不超过 5 分.

最可靠的度量当属用某个精确的测量仪器所测出的物理数据.比如,你用一把精度比较高的卷尺所测出的身高数据的可靠度要超过用竹竿测出的数据.但是,如果用某个仪器所测出的数字的长度超过了仪器本身所能提供的精度,则必须引起我们的注意,因为这种数据的精度往往达不到可靠度量所规定的要求.比如,有人用一把 10 厘米的尺测出游泳池的宽为 24.97 米,你应该对此保持怀疑,因为第二次测量得到的数据将毫无疑问会与第一次不同.

7. 偏差度量(biased measurement)

在生活中,"偏差"是指朝某一个指定方向所呈现的一致性偏向,因此偏差度量是指一组数据一致地在某个方向上偏离正常值.例如,用一台不合格秤所称出的体重数据一定是偏差度量,因为和实际值相比,它们不是偏高就是偏低.另外,我们前面也已经提到问题提法不当会导致调查结果有偏差.但是,偏差度量不等于无效度量.

8. 变异性(variability)

术语 1 至 7 刻画了一次测量所得数据的性质,变异性用于描述两次或者以上相关测量结果的性质.我们说某人脾气多变,是指他脾气的变化不可预料;如果天气多变,说明其变化无常.大多数度量会表现出一定程度的变异性,这里的变异性是指这些度量的数据中包含一些无法预料的误差或者无法解释的差别. 比如,你用一把短尺测量桌子的长度,会发现不管你怎样做,每次结果总会有所不同. 这种变异性有的是因为测量工具造成结果的不可靠,用短尺对长物体进行测量就属于这种情况;有的则是因为被测物体本身的变化,例如:不管所使用的血压仪精度多高,不同时刻测出的血压值总会有所不同.

9. 自然变异性(natural variability)

自然变异性对于理解现代统计方法起着关键的作用,当我们对多个物体进行同一种测量时(比如新生儿体重变化),测量数据一定是不一致的,这种差别固然不乏测量工具的原因,但主要原因是物体本身不同所导致的天生的属性变异. 例如,每个婴儿的体重以自己独有的速度缓慢地进行变化,如果我们希望对收听心跳声的婴儿和没有收听心跳声的婴儿的体重变化进行比较的话,首先要知道这其中有多少差别是由自然原因造成的,也就是说必须排除每个婴儿本身生长速度的不同所造成的体重变化. 又比如,我们已经知道,如果同一性别人的脉搏速度都相同,那么就很容易比较不同性别人的脉搏速度,反之就不易测量,并且差别越大,难度也越高.

练　习

1. 试举若干满足以下条件的度量数据:
a) 有效且分类;
b) 可靠但有偏差;
c) 无偏差但不可靠.
2. 试举若干满足以下条件的调查问题:
a) 故意偏向;
b) 无意偏向;
c) 故弄玄虚;
d) 引人撒谎.
3. 试举若干满足以下条件的调查问题:
a) 最适合作为开放式问题;
b) 最适合作为封闭式问题.

4. 说明下列变量是分类变量还是度量变量. 如果兼而有之,说明为什么.

a) 正规教育年份；

b) 最高学历(小学、初中、高中、大学、大学以上)；

c) 汽车品牌；

d) 最近购买汽车的价格；

e) 汽车的类别(超小型汽车、小型汽车、中级汽车、全长汽车、运动汽车、小卡车).

5. 说明下列度量是离散的还是连续的. 如果兼而有之,说明为什么.

a) 建筑的楼层数；

b) 建筑物高度(精度不限)；

c) 讲义的页数；

d) 讲义的重量.

第四章 如何得到合理的样本

问题

- 调查和实验的主要区别是什么?
- 在 1600 名观众中所做的收视率调查结果与实际的收视率的差别究竟有多大?
- 应该如何采样,才能保证根据得到的样本所做的调查结果有比较高的精确性?

§4.1 常用研究方法

1. 抽样调查

在民意测验和选情调查中,我们经常会遇到抽样调查这个词,所谓**抽样调查**(sample survey)是指从一个较大的总体中取出一部分对象,对他们就某个主题进行提问. 在抽样调查中,对被调查对象只进行提问,没有任何人为干预,如果对象选取方法正确,则所得到的结果就可以代表总体.

2. 实验

实验(experiment)是检验人为干预对结果所产生影响的行为. 常见的干预包括:服药或其他治疗方法、培训、节食等等,大多数涉及人体的实验需要志愿者的加入,因为我们不能强迫人们接受对人体的干预,即便这种干预没有不良后果也不行.

在实验研究中,实验结果通常称为**响应量**(response variable),人为干预称为**解释量**(explanatory variable),实验就是通过研究解释量变化对响应量变化产生的效果,得出两者之间的某种关系.例如,在阿司匹林与心脏病的关系研究中,解释量为是否服用阿司匹林,响应量为是否患心脏病.

实验的重要性在于它可以帮助我们从众多复杂的因素中发现哪些是因,哪些是果,因此以随机方式让实验对象接受人为干预和不接受人为干预是至关重要的,因为通过随机指派可以保证这两个组的成员除了在解释量上有所不同以外,在其他方面差不多是相同的.进一步,如果每个小组成员个数足够多,那么还可以排除因自然变异所导致的差别,这样研究结果中响应量的不同就可以归于对解释量的人为干预.

3. 观察研究

观察研究(observational study)和实验方法既有相同也有不同.前者在研究过程中只关注以自然方式产生的事件,而后者则加入了许多人为的因素.在由于伦理因素或者技术限制而无法人为干预实验对象的情况下,观察研究有自己的独特的优势.例如,要研究吸烟与体重变化的关系,采用实验方法是不可行的,因为我们不能人为地规定实验人员去吸烟或者戒烟,只能观察自然发生的事件.由于观察没有人为因素的干预,得出的结论一经证实,比实验方法得出的结论更具推广价值.当然,我们必须同时记住,观察研究只依赖自然事件,缺乏与之对照的事件做比较,研究人员所观察的解释量就不能认为是导致响应量变化的唯一原因.

出于对生命价值的尊重,医学研究项目中有许多采用观察法,为了弥补上述不足,研究人员往往会同时对另外一组具有可比性的成员(通常称为对照组)进行观察,这种研究方法就是所谓的**病例对照研究**(case-control study).

4. 案例研究

案例研究(case study)是指对一个或者少数对象所进行的深入调查,研究人员往往采用观察、与相关人员的交流等方式获得有关信息.案例研究不需要统计方法,通常采用描述性的语言,研究结论虽然不能推广到其他对象,但是对于某类特定的对象,这些结论也可以认为是准确的.

§4.2　有关抽样调查的术语

为了便于进一步讨论,我们先说明关于抽样调查的一些名词.这些名词在日常生活中也经常使用,但在本书范围内它们还附加了其他新的含义.

个体(unit):被观察或者实验的个人或对象.

总体:希望从中获取数据(信息)的所有个体.在不发生混淆的前提下,有时也指经考察(如果这种考察是可行的话)后从所有个体得到的全部数据(信息).

样本:在研究过程中全体被考察过的个体.在不发生混淆的前提下,有时也指从实际被考察的个体所得到的数据(信息).

抽样范围(sample frame):可以从中抽取样本的个体集合,最理想的抽样范围就是总体.

抽样调查:调查数据来自样本的调查.

普查(census):对总体所进行的调查.

例6　**美国月度失业情况调查.**

美国月度失业率由劳工统计局负责调查,计算所需数据并不是从所有成年人中采集的(换句话说,不是采用普查的方法),而是来自全美所有登记家庭中近6万户家庭中的约11.6万名成年人,这些人被分成就业、失业和非劳动力3类.失业率是将失业人员人数除以就业和失业人数之和得到.

在上述例子中,劳工统计局感兴趣的个体是成年劳动力,而那些非劳动力属于和失业率调查毫无关系的个体;由个体组成的总体包括全体成年劳动力;而由调查数据组成的总体包括全体成年劳动力的就业情况;抽样范围是全美所有登记在册的家庭;样本个体是那些接受劳工统计局调查的人;样本数据则是这些人的就业状况,用"是"或者"否"表示.

§4.3　抽样调查的特点

1. 可行

如果你想知道自己血液中某种成分的浓度是否偏高,作为调查的总体,应该把你所有的血液都抽出来化验一下,这样的结果才是可信的,但这种测试根本就是不可行的. 事实上,我们往往是抽取极少量的血液作为样本,通过分析样本就可以知道所有血液的情况. 类似地,如果采用普查方法检验某些产品的质量,将会使所有产品遭到损坏,这种普查也就失去了意义. 所以,实际上是采取抽样方法.

2. 可用

普查一般需要几年时间做准备,并且要在全国范围内加以实施. 如果月度统计采用普查方式进行,那么根本不能及时得到所需数据,即使采集到全部数据,但等统计结果公布出来,这些数据已经是明日黄花了.

3. 可信

如果你希望了解持某种看法的民众在总人口中的比例,只要按照被普遍接受的抽样办法从几百万成年人中选出 1500 个人作为样本,依据这些样本所获得的比例与实际比例的误差可以控制在 3%. 更令人不可思议的是,这个误差只依赖样本个数,和总体的大小无关,也就是说如果将这个总体扩大到 100 亿个个体,那么由 1500 个个体组成的样本调查结果和实际值的误差同样在 3%以内.

4. 抽样调查的精度:误差范围

大多数抽样调查被用于估计在民众中持某个观点或具备某种特性的人所占的比例. 比如,专门统计某个电视节目受欢迎程度的尼尔森收视率统计就是针对由数千个家庭组成的样本来进行的. 报刊、杂志也定期组织有数千人参加的抽样调查，以了解公众对某个热门话题的看法. 一般来讲，只要抽样方法运用适当，抽样调查所得到的结果与对所有人进行调查所得到的结果的差别极少超过 $\frac{1}{\sqrt{n}}$（其中 n 表示样本中个体的个数），这里极少超过的含义是指误差超过上述幅度的可能性为 5％，或者说在 20 次调查中只会发生一次.

$\frac{1}{\sqrt{n}}$ 称为抽样调查的**误差范围**（margin of error），对此新闻报道经常是这样描述的"这次调查中支持总统经济计划的被访者占 55％，误差范围是±2.5 个百分点"，据此我们可以肯定：有 52.5％到 57.5％的人支持该计划，并且上述比例值出错的可能性为 5％.

§4.4　简单随机抽样

我们说相对较小的样本能够准确反映庞大总体的情况，并不意味这些样本随便采集就可以了，还必须经过正确的抽样. 抽样的依据是保证总体中的每个个体必须有相同的机会入选样本. 满足上述条件的抽样方法有许多，其中最简单的是**简单随机抽样**（simple random sampling），它保证了任何按规定大小选取的个体组合有相同的机会成为调查的样本.

正确获取一个简单随机样本需要做两件事：首先要获得总体中所有个体的名单；其次需要一个随机数的生成器. 如果个体不多，随机数可以用人工的办法生成，比如摇奖器、抽奖、掷骰子甚至抛硬币，个体较多时需要用计算机生成.

例7　在班级同学中抽样.

假设某班级有 200 名学生，他们对老师的教学方法不满. 为了确认问题是否存在，你选取 25 名学生进行抽样调查. 第一步，将学生从 1 至 200 编号；第二步，准备 200 张外表相同的纸条，依次写上 1～200，投入一个纸箱（或类似的容器）中，摇匀，取出 25 张；第三步，将纸条上编号对应的学生组成一个样本，和他们进行交流，听取他们的意见；第四步，注意到 25 名学生的样本的误差范围为 20％，也就是说如果有 60％的被访者对教师不满的话，你向校方反映时应该说：全班大约有 40％～

80%的学生对老师教课方法不满.

§4.5　其他抽样方法

1. 分层随机抽样(简称:分层抽样)

在某些情况下,总体可以自然地分成若干阶层. 比如,民意调查机构往往在各个地区分别采样,一方面可以了解各个地区民意的不同,同时也可以据此得出全国的民意. **分层抽样**(stratified random sampling)的方法就是将总体分成若干小组(或者阶层),在各阶层中进行随机抽样. 分组方法可以按地区,也可以按党派,等等.

除了可以按阶层了解情况以外,分层抽样还有如下优点:

a) 依据不同阶层选派调查员可以方便调查.

b) 按地理位置分层,可以降低调查成本.

c) 来自同一个阶层的样本对于同一个问题的看法相对比较一致或者有共同的特性,据此得到的平均统计量更接近个体的实际情况. 例如,新生儿体重变化和出生时的体重有关,重量大的在出生头几天其体重比较容易减少,重量小的其体重则容易增加. 我们可以将新生儿根据其出生时的体重分类研究,得出的结论可以帮助证实上述结论,否则就会掩盖这个现象.

2. 分组抽样

从字面上看,**分组抽样**(cluster sampling)和分层抽样相差不多,但两者之间却有本质的不同. 分组抽样先将总体分成若干组,然后随机抽取其中的若干组作为样本,对每个组中的所有个体进行调查. 例如,我们在校园中进行调查,可以将学生寝室所在的楼层作为一个组,从学生宿舍楼所有楼层中随机抽样得到一个楼层样本,对住在这些楼层中的所有学生进行调查. 分组抽样的优点是,不需要知道所有的个体,只需要知道个体所在的组就行了,这样就可以降低调查的成本. 但是,分组抽样必须考虑小组中个体的相似性对总体结果的影响.

3. 系统抽样

假定你想从一个 5 000 个人的通讯录中选取 100 个人作为样本,一种简单的办法是从头开始数,数到第 50 个就将它选中,这种方法称为**系统抽样法**(systematic sampling),这种方法将所有个体排成一个队列,将它分成若干长度相同的段,在第一段中随机抽取一个个体,将它和各个段中同一位置上的个体一起组成样本.

系统抽样是随机抽样的一种不错的替代方法,但得出的结果在少数情形下会有偏差,我们可以根据常识加以纠正. 例如,为了对高层住宅楼中潜在的噪声问题做调查,你需要一份住户名单,名单按房间号排列,每层 20 个房间,每个房间住 2 人. 如果采用系统抽样,逢 40 人选一个,那么被选中的人所在的房间将在同一个方位,只是楼层不同,这样对于噪声问题的调查结果将有可能发生偏差.

4. 随机拨号

现在美国大多数全国性的调查组织采用一种所谓**随机拨号法**(random digit dialing)进行采样,所得到的样本和基于全美装有电话的家庭进行简单随机采样所得到的样本几乎一致. 随机拨号法首先列出全美所有电话局的局号,这种号码由区号和 3 位数字组成. 通过查找电话号码簿确定每个地区电话用户的比例,用计算机构造一组局号样本,样本中不同地区所属局号的比例和当地用户的比例接近. 接着,采用同样的方法对各电话局内部的分支号(局号后面的两位数字)进行抽样,得到一组分支号. 最后随机生成一个两位数. 将局号样本、分支号样本和最后的一个两位随机数组合,得到一组电话号码样本.

电话号码样本一旦确定,调查人员必须想方设法和这个家庭成员电话联系,为了避免家庭中女性成员接电话过多的缺点,有时调查人员会专门要求男性接受调查,以避免被调查者中女性比例超过实际比例.

5. 综合抽样

许多大规模调查,尤其是入室调查,通常要综合运用上述方法. 第一步,先按地区分层,接着按城市、郊区和乡村分层,最后在上述每个阶层随机抽出若干社区. 第二步,将社区人口按街区或居住地进行分组抽样.第三步,对分组抽样中各个小组的全部人口进行调查,这种抽样方式称为**综合抽样**(multi-stage sampling).

§4.6 抽样中的错误

设计一个合理的抽样方案从理论上讲是轻而易举的,但是这个方案很难在现实世界中原封不动地得到实施,因此最终得到的抽样结果不是理论上最好的,却是一个适用的样本.在此基础上所开展的研究必须考虑到这个因素,否则就会得出不准确甚至是有误导作用的结论.

1. 抽样范围错误

抽样范围中遗漏了需要的个体或者加入了不需要的个体.例如,根据登记过的选民名单预测选举结果有可能会把那些不准备投票的选民也纳入抽样范围;利用电话号码簿对全体民众进行调查会遗漏那些经常出门的人、不希望公开自己家庭电话的人(如医生和教师)以及没钱装电话的人.

以上问题的解决并不困难.比如调查者可以先就选民以往的投票经历进行提问,如果回答表明被调查者的确经常参加投票,就继续提问他(她)将把票投给谁,否则,就不再继续下去,这样可以避免被调查者不参加投票的问题.另外,用随机拨号的方法代替查阅电话号码簿的方法可以克服未列入电话号码簿的家庭不能入选的问题,当然没装电话家庭的问题还需要采取其他措施加以弥补.

2. 没有和样本个体直接接触

即使样本个体的选择是合理的,也不意味他们会和调查人员直接接触.例如,消费类杂志为了了解各种产品的可靠性,往往将意见征询表随杂志一起寄给订户,作为订户你收到这份表格觉得弃之可惜,而这时你有一位朋友,他(她)花了大价钱买来的一辆豪华汽车出了问题,于是你就把意见表送给这位朋友,他(她)将意见以你的名字反馈给那份杂志;电话调查接触到的女性比例和女性在总人口中所占比例不相符合,为了保持平衡,有的调查人员会特意要求家里的老年男性回答问题.另外,电话调查也不容易和工作到很晚才回家的人、经常出门在外的人直接接触.

为了应付激烈的竞争,媒体会在第一时间就热点问题展开民意调查,第二天就刊登结果,以此吸引更多的眼球.这种人称"快餐民调"的调查结果往往先天不足,存在诸如问题表述考虑不周、没有经过内部测试、样本随机采集不够等等问题.即使这种调查的对象是根据计算机快速生成的一组随机电话号码确定的,但是为了配合发稿,这种调查必须在一个晚上完成,万一当晚在家的人的观点和不在家的人的观点不一致,这种调查结果的可信度就会大打折扣.因此,负责任的民调新闻一般会包含有关调查开展日期的内容,供读者自行判断.

总之,在开展抽样调查时,样本一经确定,要保证其所有个体都能够接受调查,因此样本规模不宜太大,否则就会造成被调查者缺位过多的现象,反而会影响调查效果.

3. 无人响应或者只有志愿者响应

最好的调查也不能保证被调查者全部被调查到,采用电话或者信函方式调查尤其如此,所以单纯依据主动回复或者在短时间内接听电话人的意见所得到的调查结果,其可信度值得怀疑.

例 8 一次没有意义的民意调查.

在克林顿就任美国总统后不久的 1993 年 2 月 18 日,美国某地的一家电视台以"你是否支持总统的经济计划?"为题,采用电话调查方式在观众中进行了一次民意测验.碰巧的是第二天当地报纸也刊登了关于同一话题的经过精心筹划的调查结果.两次结果如表 4.1 所示.

表 4.1 民意调查结果比较

	电视调查	报纸调查
支 持	42%	75%
不支持	58%	18%
不确定	0%	7%

从表 4.1 的结果可以看到,两次调查的结果相差很大.其中,电视调查采用电话投票方式,那些对总统经济政策不满的观众会比较主动地打电话,因此不支持率

比较高,而报纸调查经过精心准备,更能代表全体市民的意见. 值得指出的是,这家电视台往往不顾电话调查方式存在的固有缺点,利用自己主流媒体的强势,随意披露调查结果,会在观众中产生不良影响.

要提高调查的响应率,增加可信度,唯一的办法是工作人员更加积极主动地投入工作. 对于电话调查,一次联系不成功,再进行下一次,直到找到被调查者为止. 信函调查则可以采用催讨信、用比较鲜艳的颜色盖邮戳等方法,吸引被调查者发表意见,或者干脆采用直接和被调查者通话等方式,听取意见. 提高信函调查可信度的另外一个办法是,调查人员在整理数据时,将在短时间内做出回应的被调查者的观点和经多次联络才有回应的被调查者的观点做比较,如果两者差别较大,就不应排除那些根本没有回应的人还会持另外一种观点的可能.

4. 方便样本

研究人员为了争取时间或者减少开支,往往喜欢从自己熟悉或者比较容易接触的总体中抽取个体. 例如,心理学家会以心理课学生或者心理学杂志的读者为研究对象,医生或理疗师则经常对自己的患者做研究,等等. 这种花比较少的代价就容易得到的样本称为**方便样本**(convenience sample;也称为**随意样本**,haphazard sample),方便样本在某些情况下可以满足调查要求,但是大多数情况却不行.

加利福尼亚大学《学生报》曾在头版头条报道:"调查表明:学生两耳不闻天下事."该篇报道称:一项"随机调查"的结果表明,美国学生不如外国留学生那样关心时事,报道同时指出,这项调查是由几个读本科的外国留学生组织的,样本是在学校大楼中庭休息的学生中"随机采样"获得的.熟悉大学生活的人都知道,中庭是学生们在课间休息时,呼吸呼吸新鲜空气、抢抢飞盘和吃东西的地方,将这里的学生作为抽样范围显然是不合适的.

案例4.1 《文摘》对 1936 年美国大选的预测让人大跌眼镜.

《文摘》杂志曾以其对连续 5 届(1916—1932 年)美国总统大选结果的准确预测而闻名天下,但是在 1936 年大选中却因预测错误而遭遇了滑铁卢. 当时在任的民主党总统罗斯福击败共和党的兰顿而连任总统,可该杂志却预测兰顿将以 3∶2 击败罗斯福. 与此形成鲜明对照的是,一年前刚刚创立美国民意研究所的年轻调查员乔治·盖洛普却一炮打响,他不仅预言罗斯福将赢得大选,而且在《文摘》组织的调查尚未开始的时候,就预言其调查结果将是错误的! 要知道,财大气粗的《文摘》向 1 000 多万民众发放了调查问卷,而盖洛普的调查对象只有 5 万民众.

原因何在呢?《文摘》犯了两个典型的错误. 首先调查对象选取不当,1 000 万个被调查者中大多数是它的订户,以及那些买得起汽车、用得起电话的人,只有少数是登记的选民. 可是在 1936 年能够订杂志、买汽车、装电话的人都是有钱人,他们当然不满在任的民主党总统. 比这份富人样本更严重的问题是所谓的"志愿者响应",发出的 1 000 万份问卷中最终收到 230 万份,回收率只有 23%,寄回问卷的往往是那些最关注选举结果的人,其中就有不少人要求现任总统下台,大多数同时也是共和党候选人的支持者. 相反,那些支持现任总统的人一般不会急于回答问卷. 这样,《文摘》调查结果的倾向性就无法避免.

与此对应的是,盖洛普却深知随机抽样的重要性,他从《文摘》的被调查者名单中随机选取 3 000 个对象,给每人发了一张明信片,问他们将会投谁的票? 根据反馈的信息,他大胆预言《文摘》杂志调查结果正确的可能性只有 1%.

对同一事件预测的成败导致两家企业走上了截然不同的道路,《文摘》从此一蹶不振,并于次年破产. 而盖洛普却一举成名,尽管以后有时也难免出错(详见习题 5),但他于 1935 年创立的美国民意研究所却日趋发达. 这个著名的案例在让我们领略随机抽样的美妙之处的同时,也让我们知道,根据未经随机抽样、有偏向性的样本所得出的结果会是多么的荒唐和危险!

练 习

1. 在下列各种情形中应用了何种采样方法? 并解释是否会造成样本数据的偏差.

a) 为了征求顾客意见,某航空公司从所有航班中随机抽取了 25 个航班,要求这些航班中的所有乘客都填写征求意见表.

b) 为了就武器控制问题进行民意调查,某公司将城市划分成若干街区,调查每个街区西面自西南角数起的第三幢房子的住户. 如果这是公寓房,则选择底楼最靠西面的住户. 调查是在白天进行的,如果家里没人,则留下书面通知,上面写有调查人员的电话. 这样住户回家后可以回电,与调查人员直接交谈.

c) 为了了解员工们对有关要求提高大学学费议案的意见,某大学将员工分为 3 类:职员、教师、勤工助学人员. 分别从这 3 类人员中随机抽样,采用电话的方式征求意见.

d) 为了使顾客能够很快找到想买的东西,一家大商场计划安装若干电脑供顾客查询,同时将商品的价格做适当的上浮. 为了了解顾客对此举措的意见, 商场在门口安排了一个调查员, 要求他征求 100 个人的意见, 抽样方案为: 每当调查完一个顾客的时候, 进门的第一个顾客作为下一个样本.

2. 对于练习 1 中所列出的各种情形, 说出它们的总体和样本是什么(包括个体和数据).

3. 分别举例说明:

a) 抽样调查有时会优于普查.

b) 分组抽样可以是最便于使用的方法.

c) 系统抽样是最方便的, 并且不会带来偏差.

4. 对下列问题, "调查法"和"实验法"哪个最恰当?

a) 谁将赢得下届总统大选?

b) 嚼含尼古丁的口香糖能否减少吸烟?

c) 身高和满足感有无关系?

d) 大力宣传自助式服务是否能够促进使用避孕套?

5. 尽管盖洛普在 1936 年取得了成功, 但对 1948 年大选结果的预测却输得很惨. 他和另两家公司预测杜威将击败在任总统杜鲁门, 采用的方法是: 要求调查员从不同类别的人群中选取一定的数量做调查. 比如 6 个 40 岁以下的女性, 其中 1 个必须是黑发, 另外 5 个必须是白发. 试想你就是一个调查员, 接到这种指令后, 你会怎样做? 从中你将知道为什么盖洛普无法正确预测.

第五章　实验研究和观察研究

问题

- 为了研究每天服用一粒维生素 C 究竟能否预防感冒,你征集了 20 位志愿者参加一项实验,其中一半的人服用维生素 C,另一半不服用,同时要求他们记录连续 10 周内患感冒的次数,志愿者自己决定选择其中一组. 10 周以后,比较两组数据作为实验依据.你认为这种方法合理吗?
- 应该如何评价不同治疗方法的效果?

本章通过对"男性秃顶和心脏病"、"孕期吸烟和儿童低智商"、"莫扎特音乐与高智商"、"左右手习惯与死亡年龄"等项研究的分析,讲述研究两种变量之间关系的方法.从中我们将发现,在这些研究中,有的因方法得当而持之有据,有的则显得缺乏足够的说服力.

§5.1 有关术语

1. 解释量、响应量和处理方法

在大多数有关因果关系的研究中,研究人员比较容易判断其中哪些是因、哪些是果.比如,如果我们发现左撇子死亡年龄低于习惯用右手的人,就会认为左撇子的人会早逝,同时还会找一些原因来进行解释,诸如:他们不适应用右手的人占多数的世界等等.如果将上述现象述说成"因为这些人想早点离开人世,所以他们喜欢用左手",那是过不去的.

两种因素之中可以导致(至少部分导致)另一种因素变化的那个称为**解释量**,另一个因素称为**响应量**.在上述例子中,用手习惯是解释量,死亡年龄是响应量.在第一章中新生儿体重变化的实验中,婴儿是否收听心跳声是解释量,婴儿体重变化是响应量. 在比较化疗方法和手术方法对癌症的疗效实验中,采用何种治疗方法是解释量,患者能否存活(一般以 5 年为准)是响应量. 许多研究中会涉及多个解释量,但一般只有一个响应量.

虽然大多数关系中的因和果是容易辨别的,但偶尔还是会有一些关系值得我们仔细考察,因为其中可能根本就不存在我们想象的那种因果联系. 一个明显的例子就是秃顶和心脏病的关系. 一个秃顶患者心脏病发作时,秃顶是早已存在的,所以,心脏病不可能导致秃顶. 反过来,说是由于患者因为秃顶而心理压力过大,最终导致得了心脏病,也过于牵强. 事实上,还存在第三个原因导致秃顶和心脏病同时发生,这样在秃顶和心脏病两者之间就无法确认哪个是解释量、哪个是响应量.

有时候解释量还可以以实验人员对实验对象施加干预的形式出现,比如,为部分新生儿播放心跳声就属此类. 这种由实验人员外加在实验对象上的若干解释量的组合称为**处理方法**(treatment). 需要注意的是,某些研究中处理方法还可以表示不同的实验条件,比如在心跳声和新生儿体重变化研究中,就有两种处理方法:部分婴儿听到了心跳声;另一部分则没有听到.

2. 实验研究和观察研究

研究解释量和响应量之间有无联系,最理想化的状态应该是除了解释量以外,其他所有的因素应保持一致,这样我们可以通过解释量的变化来观察响应量所发生的改变. 问题是这种理想化的状态在观察研究中几乎不可能实现,因为在**观察研究**中,我们首先注意到的是解释量的差别,然后关注这种差别和响应量的差别之间是否存在一定的联系,在这个过程中无法保证其他因素的一致. 相比之下,**实验研究**则更接近上述理想状况,因为研究人员在实验过程中可以使除解释量以外的其他因素尽可能保持一致,在此基础上观察解释量的差别并记录相应的实验结果的差别.

尽管从理论上讲实验研究结果比观察研究结果更可靠,但以下两种情形很难得到有意义的实验研究结果.

a) 指派某些人接受特殊处理是不人道或者是不可能的;

b) 某些解释量,例如用手习惯,是一种天生的特性,是无法随机指派的.

因此,有时我们在研究中不得不依靠观察,而无法采用实验. 诸如"怀孕期吸烟"(解释量)对"4 岁婴儿的智商"(响应量)影响的研究,如果采用实验方法,我们可以将孕妇随机地分为吸烟和不吸烟两组,人数各半,但是,人为地要求孕妇吸烟是一种不人道的行为. 对于这个实例,我们只能采用观察研究,即将孕妇的吸烟行为记录在案,不能人为地规定她们的行为.

3. 混淆量、解释量的相互作用

混淆量(confounding variable)是指对响应量有作用却又无法与解释量作用分开的因素. 例如,如果我们发现孕期吸烟的妇女所生子女的智商比孕期不吸烟妇女所生子女的智商要低,这种情况也可能因为吸烟孕妇的营养比较差. 这样,就有可能是营养和吸烟的共同作用对孩子出生后的智商造成一定的影响. 相比之下,在观察研究中由于混淆量所导致的问题要比实验研究所产生的问题更严重,因为前者几乎无法区别混淆量和解释量,而后者则有办法控制混淆量的影响.

如果一个解释量对响应量的影响依赖于另一个解释量对响应量的作用,我们称这两个解释量之间存在一定的**相互作用**(interaction between variables). 我们举一个例子. 假设孩子的低智商是因为母亲在怀孕期间既吸烟又缺乏锻炼所引起的,而吸烟和体育锻炼对于儿童智商存在相互作用,那么母亲边吸烟边坚持锻炼,没准孩子的智商不会降低反而还会提高. 所以对那些坚持锻炼的人来说,吸烟会降低儿童智商这样的说法会产生误导.

4. 实验个体、观察个体、志愿者

除了人以外,研究对象也可以包括植物、动物、机械零部件等各种物体. 我们将那些可以在实验中施加不同处理方法的最小个体统称为**实验个体**(experimental unit),在研究中被测试的对象或人统称为**观察个体**(observational unit). 如果观察个体是人,这些人也被称为**参与者**或者**研究对象**. 在大多数研究中,参与者是**志愿者**(volunteer),当然其中有些对象作为志愿者是被动的,例如,医生在使用某种新的设备对患者进行治疗之前,会要求患者与医院签署一份同意作为志愿者参与实验的文件.

研究人员通常通过报纸等媒体招募志愿者. 例如,某报纸就以"硅体研究需要志愿者"为题刊登文章,称当地的一家医学院"正在寻找 100 名接受过乳房硅体植入手术的妇女和 100 名未接受这种手术的妇女,要求她们同意禁食一天并提供一

份血样",文章同时还说明了实验人员的身份以及实验目的.需要注意的是,以志愿者为对象的研究结果不一定可以推广到更大的群体中.例如,如果志愿者是因为可以免费治疗或只需支付少量治疗费用而同意参加(大多数医学实验都是这么做的),那么这些人的社会经济地位可能比较低.所以研究者应该如实报告参与者的来源,以便人们依靠常识来判断这种情况是否会影响实验结果.

§5.2　怎样设计一个好实验

虽然设计一个完美无缺的实验是极其困难的,要将它实现更是几乎不可能的,但这并不意味我们要放弃使实验尽可能完美的努力.下面列出的方法能够帮助我们朝着完美方向而努力.

1. 随机化是关键

观察研究无法避免由混淆量和其他因素所造成的偏差,而实验可以降低这种情况出现的可能,要做到这点,只需记住一个简单的准则——随机化.

在第四章讨论如何采集调查所需的样本时,我们已经阐述了随机化的主要思想.在实验研究中,随机化将保证每个实验个体得到处理的机会是相同的.例如,在婴儿听心跳声与体重的实验中,研究者必须保证参加实验的每组婴儿有相同的机会进入播放心跳声的育婴室或者普通育婴室,否则,就无法排除实验者为了证明自己结论的正确性而让那些看上去更健康的婴儿听心跳声的可能.一旦后者成立,那么我们就有理由认为导致体重变化不是心跳的作用而是婴儿自身的体质.

2. 随机化处理的含义

随机化处理有以下几层含义:

a) 处理顺序随机化.有些实验不仅将所有可能的处理方式逐个实验,而且每个个体也要接受不同方式的处理.在这种情况下,处理方式的先后顺序也应该随机化,否则也可能影响结论.例如,在验证酗酒和吸食大麻对驾驶能力的影响程度的实验中,因为司机们的身体条件不一样,每个人对各种外界影响的适应能力不同,分组后只接受一种方式处理并不合理. 比较好的办法是对每个司机在喝过酒、吸过大麻和清醒 3 种状态下的驾驶情况逐一做调查. 问题是,如果严格按喝酒、吸大麻和清醒这样的顺序去实验 3 次,可能因为某司机已经熟悉了道路情况而容易在第二、第三次实验中有良好的表现. 解决上述问题的方法是,列出 3 种情况的所有不同先后次序,将每个司机随机地分入其中的一组,这样记忆效应就得到平均化处理,对结果的影响也会降低. 需要强调的是在这种情况下,随机分组是关键的一步,否则实验人员就可能按有利于某种处理方式的办法分组.

b) 处理方法随机化. 处理方法的随机化就是将不同处理方法随机地施与实验个体,这样也可以防止造成某种隐藏的或者未知的偏向. 比如,在案例 1.2 的实验中,如果前 11 000 名参加实验的医生都服用阿司匹林,后面的都服用安慰剂,那么就有可能因为率先报名的都是身体更健康、精力更充沛的人,这样实验的结果当然会对阿司匹林有利一些.

在统计中,"随机"绝非"随意"的同义词. 随意纯粹是实验者个人意志的体现,缺乏科学性;而随机尽管有时会由于种种原因在实验中无法实现,但只要条件许可,做起来倒并不难. 例如,可以查找随机数表、利用计算机生成、以投硬币看正反面的方式或者从帽子里面抽出数字的方式来决定.

3. 对照组、安慰剂和盲试

为了判断服用药物、聆听心跳声、打坐冥思等究竟有无效果,我们还需要知道如果不采取上述处理办法,响应量会发生何种变化. 为此,实验人员就设立一个**对照组**(control groups),其成员除了没有接受真正的处理以外,其他方面的情况和实验对象完全相同.

安慰剂(placebo)就是外形和实验药物一样但没有任何有效成分的食物. 人们不光对药物有反应,对安慰剂也有反应,后者有时甚至会产生神奇的效果. 研究表明,服用安慰剂对 66% 的头痛患者、58% 的晕船者、39% 的手术后伤口疼痛者有帮助. 因为安慰剂具有如此明显的安慰作用,所以在药物实验时,以随机方式产生的小组成员预先不应知道自己服用的是药物还是安慰剂,也无法从外表上加以区分,这样就可以避免主观因素所导致的偏差.

知道是否服用药物不仅对患者本人会产生影响,并且如果研究人员知道了自已测试的对象是否服用药物的话,他们采集数据的方法也会产生偏差.好的实验会采取双盲措施以避免出现这些偏差,这就是所谓的 **双盲实验**(double-blind experiment).在双盲实验过程中,不光实验对象不知道自己接受了何种处理,就连实验人员也不知道.双盲实验虽然更受人欢迎,但也绝非万能.例如,在研究打坐冥思对降血压作用的实验中,实验对象显然知道自己是不是在对照组中,这时就不可能做到双盲,最多只能做到单盲.所谓 **单盲实验**(single-blind experiment)就是在实验对象或实验人员中只有一方知道自己接受的处理.

4. 配对与分组

有时候,选择实验对象本人作为他的对照者不失为一种便捷、有效的实验方法,因为这样实验对象的个体差别不会影响处理的效果,这个思路在关于驾驶能力和酒精、大麻作用的关系的研究中我们已经做过阐述.另外,有的实验则将实验组中和对照组中的成员按一定条件(如体重、年龄、智商等)匹配为一对或者一组,然后随机地从小组中选择一个成员接受某种方法的处理.比如,在比较化疗和手术疗法的效果时,患者可以根据年龄、性别、病情严重程度配对,然后随机选择一位患者接受化疗,另一位则进行手术.当然,实行这种方式的前提是这种分配不违反伦理,也就是说没有人知道要采取的两种方式中哪一种更有效,并且通常还需要患者签名同意.

配对设计(matched-pair design)是将两种处理方式分别作用在两个相匹配实验对象或者同一个对象上,并且对它们的处理顺序应是随机的.如果处理方式超过两种,则配对设计称为 **分块设计**(block design),比如在对 3 种不同条件下驾驶员的行为研究中,每个驾驶员就组成了一个块."分块设计"这个看似奇怪的名词是因为这种思想最先应用在农业实验中,那里的实验对象是被划分成"块"的土地.在社会科学中,对某个对象重复进行测量的实验称为 **重复测量设计**(repeated-measures design).

案例 5.1　尼古丁膏药有助于戒烟吗?

吸烟对你及其周围人的健康会造成伤害,这是毋庸置疑的,但是对那些吸烟成瘾的人来说,戒烟确非易事.有一种新的技术是将一块含尼古丁的膏药贴在皮肤上,尼古丁透过皮肤渗入血液中,这种膏药在美国已经成为医生处方上出现次数最多的药物了. 为了测试这种膏药对戒烟的效果, 理查德·荷顿医生和他的同事们想招募 240 名吸烟者到同一家医院的 3 个分院进行实验, 这些医院位于美国不同的州. 该实验研究要求实验者年龄在 20 岁到 65 岁, 身体健康, 近一年中每天吸烟至少 20 支, 有戒烟的愿望. 在实验中, 志愿者被随机地分为两组, 实验组每天贴一张含 22 毫克尼古丁的膏药, 对照组则贴一张安慰剂, 持续 8 周. 在实验开始以前、当中及以后, 美国国立癌症研究院为实验者提供了连续数月的咨询服务.

结果, 实验组有 46% 的人戒烟成功, 对照组只有 20%, 一年后, 虽然有人复吸, 但实验组的戒烟率还是高于对照组, 分别为 27.5% 和 14.2%. 实验采用双盲方式, 得到利德尔实验室的资助, 研究结果刊登在《美国医学会杂志》上.

§5.3 实验研究存在的问题及其解决方法

上一节中介绍的在实验中因随机化程度不够而导致的偏差只是实验过程中可能出现问题的一部分, 下面我们列出实验过程中因措施不当所导致的另外一些复杂问题及其解决办法, 从中你将发现: 只要我们事先计划周到、方法实施正确, 某些看似复杂的问题就可以得到妥善的解决.

1. 混淆量

a) 问题: 由于混淆量和解释量相互之间密不可分, 因此从表面上看, 前者"代替"后者导致响应量的变化. 这样, 实验结果就会被误解为: 导致响应量变化的是混淆量而不是解释量.

b) 解决方法: 将实验个体以随机顺序接受不同方式的处理, 使混淆量以相同的机会对各种处理方式产生作用, 这样即使出现不同的结果, 也不需要考虑是否存在混淆量的作用.

例9 尼古丁膏药治疗术.

以案例 5.1 为例, 假设我们将前 120 名志愿者分到实验组, 后 120 名分到对照组, 再进一步假设那些家人不吸烟的吸烟者更加迫切希望成为实验的志愿者. 那么尼古丁膏药的疗效就会归于"家人是否吸烟"这个混淆量的作用, 因为我们可以把

"实验组戒烟率高于对照组"的现象归于志愿者家庭有无其他人吸烟,而不是尼古丁膏药的作用.

而实际情况是分组采用随机方法,使两个小组中来自无家人吸烟的人数差不多相等,这样家庭因素对戒烟的影响就被平均分配到两个小组中,从而使实验结果更有说服力.

2. 交互量

a) 问题:关系中除了解释量以外,还存在和解释量相互作用的第二个变量——**交互量**(interacting variable),可是有关研究结果的报道并没有指出交互量的存在,因此使读者误认为不管交互量如何,解释量在任何情况下都会对响应量产生作用.

b) 解决方法:在研究中对交互量加以测量,并在研究报告中予以披露.

例 10　家有吸烟者.

在案例 5.1 的研究中,戒烟手段和戒烟者家中是否有其他吸烟者之间存在着交互作用.研究人员用定量的方式研究了这个情况以后,在报告中披露了有关结果:经过持续 8 周的实验,家庭中有其他吸烟者的实验组成员的戒烟率为 31%,没有的则为 58%.而对照组中这两个比例是相同的.所以,如果不提供关于这种相互作用的信息,光说尼古丁膏药的疗效为 46% 则容易产生误导.

3. 安慰剂、霍索恩效应和实验者效应

a) 问题:我们曾提到过暗示产生的力量在一定程度上能够影响实验结果,所以安慰剂对实验结果的作用是不容忽视的.另一种相关的观点则认为实验对象行为发生变异的原因就是因为他们正处在实验状态中,否则,他们的行为不会有任何的变化.类似的现象早在 1924 年,在对美国西部电子公司霍索恩工厂生产线上工人的行为进行研究时就有所发现,即人们会因受人关注而提高成绩、增加产量或取得其他进步,所以这种现象被称为**"霍索恩效应"**(Hawthorne effect).

b) 解决方法:采用双盲实验可以解决其中的大多数问题.因为在双盲实验中,实验组和对照组除了接受处理的方式不同以外,其他方面情况几乎完全一样.但是,不管你将实验设计得如何完美,实验者效应仍然有可能对实验结果产生影响,

所以,在阅读研究报告时对此要特别关注.

例 11　笨老鼠.

为了测试实验人员的期望对实验结果究竟有无影响,有专家先对一批老鼠进行走迷宫训练,然后将这些老鼠分给 12 个人,每人 5 只.同时,对其中 6 个人说他们分到的老鼠在走迷宫训练时表现得很好;而对另外 6 个人则说他们分到的老鼠在训练课上表现得不佳,对它们的期望值不要太高.果不其然,前面的 6 个人发现他们的老鼠学习新东西的速度要远远超过后面那些老鼠.这种现象被称为**实验者效应**(experimenter effect).

4. 真实性和普遍性

a) 问题:为了掌握在受到别人干扰的时候说"不"的技巧,你需要对 3 种能够帮助提高自信心的训练课程进行评估.在各种评估课程效果的方式中,有一种评估方式就是在课程结束后让学员参加角色游戏,看看他处于必须说"不"的情景下会怎么说.

以上测评方式和现实是否相符合? 答案是否定的.因为参与的人都知道在这种近乎游戏的场合中,逼迫某人说"是"的压力和日常生活环境下的实际压力是不能同日而语的.我们称这种实验的**真实性**(ecological validity)不足.在实验室环境甚至人造环境中,由于真实场景中存在的因素往往被忽略,导致实验结果无法准确反映解释量在真实世界或日常生活中所起的作用.

b) 解决方法:除了要求实验环境与实际环境尽可能接近,从总体中随机抽样以外,没有其他更理想的方法.一种可以部分解决问题的方法是,在获取测量结果的同时,将样本中可能与总体不一致的量(如收入、年龄或者健康状况)等也一一记录下来,然后算出当结论推广到总体时,出现的误差中有多大程度是由这些量造成的.

例 12　尼古丁膏药研究.

在案例 5.1 关于尼古丁膏药的研究中,实验者采取了多种措施来保证其真实性和普遍性.首先,他们采用了由美国国立癌症研究院制定并推荐的实验程序,这样可以保证其他研究人员也能进行类似的实验.其次,实验对象来自 3 个不同地方,而不是同一个社区,年龄跨度从 20 岁至 65 岁,志愿者中既有家中没有其他吸烟者的,也有有其他吸烟者的.最后,研究还记录并核对了实验对象的性别、种族、教育程度、婚姻状况、心理健康状况等信息,确保它们和是否贴药膏、是否戒烟成功无关.

§5.4　如何设计一个好的观察研究

　　和实验研究相比,观察研究在判定因果关系是否成立方面处于明显的劣势,因为观察者只能观察解释量,并不能控制解释量.但是,它的优点在于可以在自然条件下做观察.我们先介绍一个设计比较好的观察研究案例.

案例5.2　**脱发和心脏病.**

　　1993 年 3 月 8 日,美国《新闻周刊》刊文说:"不管在什么地方,典型性脱发的男性患心脏病的可能性比只有少许脱发或者不脱发的男性要高 30%～300%."所谓典型性脱发是指头顶部脱发,在中年男性中的发生率为 1/3.

　　这篇报道的来源是波士顿大学医学院的一项观察研究.研究人员对 665 名因心脏病首次发作而住院的男性患者和 772 名患其他疾病住院的男性患者(这些患者来自同一批医院,年龄都在 21 岁至 54 岁)做了比较.发现这些心脏病患者中约有 42% 的人有不同程度的典型性脱发,而其他患者中这个比例为 34%.进一步,在排除年龄和其他因素后,研究人员利用可靠的统计实验手段从另一个方面对上述问题开展调查,发现不管男性的典型性脱发程度如何,都会使其患心脏病的风险增加.脱发越多,患病的可能性也越大,而且与年龄及其他因素无关.研究人员推测:脱发和心脏病如此密切可能源于第三个因素,比如男性荷尔蒙.

　　通过上述的观察研究,研究人员发现了这样一种联系,在此基础上就可以做进一步的研究,以发现其中的起因和结果.

　　观察研究有下述几种类型.

1. 病例对照研究

　　在病例对照研究中,将具有某种特殊性质或满足某些特殊条件的对象组成病例组,不具备这种性质或不满足这些条件的对象组成对照组.比如在案例 5.2 中,将因心脏病住院的患者作为病例组,将其他患者作为对照组.病例对照研究的核心思想是将病例组和对照组中人们感兴趣的量做比较,在案例 5.2 中,是否脱发就是人们感兴趣的对象.

如果病例组成员和对照组成员能够一一对比的话,那么病例对照研究和配对实验设计就比较相近,两者都是在逐个比较的基础上,对全组情况进行总结.和配对实验的不同之处在于,病例对照研究为每一对匹配的成员设置的处理方式不是采用随机的处理方式,而是顺其自然.比如,为了验证左撇子是否一定英年早逝,研究者可以为病例组的每个左撇子指定一个习惯用右手的人组成对照组,比较他们的死亡年龄.显然,我们无法用随机方式去指定两个人的用手方式,所以即使发现死亡年龄有差别,也不能排除混淆量在其中发生作用的可能性.

病例对照研究的目的在于发现与某种疾病相关的一个或几个解释量,这在医学研究中已经越来越普及.和实验研究相比,采用病例对照研究一方面效率更高;另一方面医生也不用因为某个患者抽中了一种有不良作用的治疗方式而受到良心的谴责.

病例对照研究在时间、费用和患者的征集等方面有明显的优点,当某种疾病的患者达到一定数量时,自然就形成了病例组,对照组则是由和患者情况相当接近但没有这种疾病的人组成,为了方便起见,研究人员经常将因其他疾病住院治疗的患者作为对照组.

例如,我们要开展有关饲养鸟类与肺癌关系的实验,如果你随机地规定实验者养鸟和不养鸟,然后观察其中有多少人会得肺癌,这无疑将是一个漫长的等待过程.即使你有幸发现有人得了癌症,也会因每一组中只有寥寥数例患者而无法进行令人信服的比较.

相反,如果采用病例对照研究,当有一大批患者确诊得了肺癌以后,就可以问他们家中是否养鸟.再从另外的患者中找出"类似"的对照患者,问同样的问题,将病例组中养鸟人的比例和对照组中养鸟人的比例做一个比较,研究就可以结束了.

病例对照研究的另一个优点是,如果对照组选择得当,则可以减少潜在混淆量的影响.例如,在案例 5.2 关于脱发与心脏病关系的研究中,万一脱发者的体质比较差,那么他们也会得这样或者那样的病.观察研究只记录某人是否脱发、是否有心脏病,那么就无法将体质因素排除.所以在选择对照组时,必须考虑周到,这样既可以降低可能存在的混淆量,同时也不会带来新的混淆量.例如,要研究是否因为运动过度导致心脏病,需要将因心脏病住院的患者作为病例,但是不能把那些因其他疾病而刚住院的患者作为对照组,因为除了突然受伤住院的患者外,一般慢性患者则因疾病缠身而不可能参加激烈的运动.

2.　回溯式研究和展望式研究

观察研究还可以分为**回溯式**(retrospective)和**展望式**(prospective). 前者要求观察对象回顾过去的事情, 后者则对观察对象进行跟踪调查, 并将发生的事情记录在案. 相比之下, 展望式研究更好一些, 因为人们对已过去的事情不是记得很准.

§5.5　观察研究存在的问题及其解决方法

1.　混淆量和因果关系蕴含

a) 问题: 把观察研究发现的两种因素之间存在的联系误以为是其中一个因素的出现而导致另一个因素的产生. 如果观察研究中缺乏随机化处理环节, 我们不能断言已经排除了所有潜在的混淆量, 所以不能轻易地把两种因素之间的联系当成因果关系.

b) 解决方法: 一种可以部分地解决问题的办法为: 研究人员把他们能够想象到的所有可能的混淆量——测量, 通过分析确认它们是否与响应量有关. 另一种解决办法是: 在病例对照研究中, 入选对照组的患者情况与案例组的患者情况要尽量相同.

例如, 第一章曾介绍过关于孕妇吸烟与低智商儿童关系的研究. 在这项研究中, 在没有考虑营养、教育程度等混淆量之前, 实验组和对照组儿童的智商差距为9分, 在考虑上述因素以后, 其差别就减少到4分. 值得注意的是, 除了以上两种因素外, 还有其他混淆量对结果产生影响, 比如怀孕期间是否进行锻炼等等, 因此我们不能认为孕期吸烟必定会导致孩子的智商降低.

2.　不适当地扩大结论的适用范围

a) 问题: 许多进行观察研究的研究人员往往采用方便自己的方式进行采样, 例如, 在病例对照研究中, 往往只是将住院患者作为样本, 这样就降低了样本在总体中的代表性. 在研读结论时,我们心里要明白这一点.

b) 解决方法:在可能的情况下,研究对象选取范围要覆盖总体,不能贪图方便. 例如,脱发与心脏病关系的研究对象都是住院患者,对这样的结果能否推广到所有的男性,是值得每个读者考虑的.

3. 使用过去的数据

a) 问题:因为回溯式观察研究要求人们回忆过去的行为,所以其结果尤其不可靠. 有的研究把某人是否已经死亡作为响应量,这样真正的研究对象不是他本人,而是其家人或者朋友的回忆. 回溯式观察的另一个问题是,过去发生的事件中的混淆量和目前的混淆量不一定相似,研究人员也没有想到对此进行记录.

b) 解决方法:在可行的情况下,尽可能采用展望式研究. 当然,对于艾滋病或中毒性休克综合征这些疾病的研究则是例外. 不过,即使采用回溯式研究,也要尽量采用权威性的数据,例如病历上的信息,而不能仅仅依靠患者的回忆.

例如,若干年前有一项"左撇子比一般人寿命要短一些"的研究结果曾名噪一时. 其中一部分研究是这样做的:研究人员从刚去世的人中随机抽取一些样本,给他们的亲属发函,询问死者用哪只手来写字、画画和打球. 统计回函结果后发现,用左手的平均年龄为 66 岁,用右手的为 75 岁,于是就有了上述令人哗然的结果. 但是仔细分析,研究人员忽视了这样一个事实:在 20 世纪初,不管孩子天生爱用哪只手,家长或教师一律强迫他们用右手写字. 这样,七八十岁的老年人中用右手的人比例要高于五六十岁的人. 死者生前学会写字的年代竟然成为这项研究的混淆量,这是出乎大多数人预料的.

如果有人依然对这个问题有浓厚的兴趣,建议可以采用展望式研究进行比较,即对目前健在的左撇子和非左撇子登记在册后,进行跟踪,看谁活得更长.

练　　习

1. 对于以下例子,说明它们是单盲实验还是双盲实验或者都不是;是配对设计还是分块设计或者都不是:

a) 一家电力公司想了解如果采用分时计费的话,农村消费者是否会减少高峰时段的用电量. 他们将消费者随机分成统一计费和分时计费两组,在他们的家中安装了高峰段用电量和低谷段用电量可分别记录的电表;抄表员不知道消费者是否采用分段计费.

b) 为了测试毒品和酒精对驾驶技能的影响,要求 20 名志愿者每人都在清醒、喝过两杯酒、吸过大麻 3 种状态下进行测试,这 3 种状态的顺序是随机指定的.当驾驶员在试验场内驾驶时,有一个评判员根据他们动作的准确性打 1~10 分,但评判员并不知道驾驶员在何种状态下工作.

c) 为了比较 4 种品牌的轮胎,在 50 辆汽车的 4 个轮轴上将每种轮胎随机地装一个,这些轮胎经过特殊处理,无法辨认其品牌.汽车行驶 30 000 千米以后,研究人员将它们卸下,测量剩余胎面的情况.

2. 列举上述各例中的解释量和响应量.

3. 有人想知道鸟能不能记住颜色,于是他把鸟食放在红布上,让鸟儿们来吃.然后,给鸟儿们看各种颜色的布,有红的、紫的、白的和蓝的,上面不放任何东西.而鸟儿们只对红布有反映.于是,研究者认为:鸟儿已经记住了颜色.

a) 利用本章所介绍的术语,对鸟儿们的行为给出另一种解释;

b) 假设共有 20 只鸟,每只鸟可以单独测试,请设计一个比上述方法更好的研究方法.

4. 如果有人想了解脑瘤和使用手机有没有关系,应采用实验研究还是案例对照研究?

5. 指出并说明下列实验中最有可能存在的问题:

a) 为了了解睡觉前吃东西会不会做噩梦,要求志愿者在实验室过一夜,向从他们中间随机选出的一些人派发食物.记录两个组志愿者的噩梦次数,并加以比较.

b) 一家公司想知道在办公室安放绿色植物能否缓解员工的压力.于是,随机挑选出一些员工,在他们的办公室安放了绿色植物,一个星期后,所有员工都接受有关压力的提问,并将两种员工的回答做比较.

6. 指出并说明下列观察研究中最可能存在的问题:

a) 有人记录了学生所选的写作课程的数量以及这些学生在 GRE 考试中定量分析的成绩,发现写作课选修最多的学生的考试成绩最低,所以研究者认为:希望毕业后从事与定量分析相关工作的学生不必选修太多的写作课程.

b) 有人请那些事业有成的女社会工作者和女工程师回忆一下:在大学期间,有哪位女教授对她们职业的选择有过特别的影响.结果,在回忆者中,工程师要比社会工作者多.

第六章 回顾和总结

我们在前面几章介绍了获取有用数据的关键步骤:如何实施抽样调查、如何组织实验研究、如何开展观察研究以及怎样以批判的眼光来评估调查研究的结论.现在我们综合运用这些知识对几个案例进行深入分析,以帮助读者在面对各种各样的研究结果时,能够条分缕析,从而洞察就里、有所感悟.

这些方法的综合应用可以分为以下步骤:

a) 判断研究的类型.是抽样调查、实验研究、观察研究中的一种,还是三者兼而有之,或者纯粹就是对偶然事件的描述.

b) 根据七要素法则,掌握研究的详细情况.

c) 根据在第一步判断的类型,评估研究中是否存在这种研究所固有的缺陷.

d) 决定信息是否完整.必要时,可以找到消息的来源,比如有关研究报告,或者直接与研究人员联系,以获得可能遗漏的信息.

e) 想想报道结果在更广的范围内是否依然有效.如果它和人们的常识相悖,看看是否可以从中得到一些启发.

f) 问问自己是否可以对此现象给出另外的解释.

g) 决定是否应该因此改变自己的生活方式、人生信仰或者处世方法.

案例6.1 音乐与空间识别能力.

(1) 研究情况

在这项研究中,研究人员对 36 位大学生进行重复测量实验,每位学生分别在以下 3 种状态下静坐 10 分钟:

a) 听莫扎特 D 大调双钢琴奏鸣曲;

b) 听舒缓的、能起降压作用的录音带;

c) 无声.

接着对这些学生进行智商测试,题目采用成人标准智商测试题.一般的标准智商测试题包含语言能力、数量能力、短期记忆能力和抽象/图像推理题 4 部分题目,本研究项目采用了其中的抽象/图像推理题,有 3 种不同题型.在评估测试结果时,研究人员先把这部分分数换算成整张考卷的分数,然后算出上述 3 种状态下测试结果的平均得分依次为:119,111 和 110,也就是说在听莫扎特音乐后学生的分数明显超过处于另外两种状态下学生的得分.

研究者还对其他潜在的混淆量进行了测试. 首先检查了每个实验对象在听音乐前后的心跳速度,避免因过于兴奋而影响成绩,结果表明:心跳速度和测试结果没有任何的相互关系. 接着又测试了 3 种状态的先后顺序以及由于实验人员的不同对实验对象产生的影响,同样没有发现有任何迹象,但是结果表明同一个人对 3 种不同题型的测试成绩强烈相关,也就是说 3 种题型对人的抽象推理能力有同等的测试效果.

(2) **讨论**

我们采用本章一开始列举的 7 个步骤,对上述案例进行评估.

a) 虽然文章作者没有说明是如何(或者是否)将 3 种状态进行随机排序的,但是指出了对实验对象的实验环境进行了人为的干预,因此可以认为这是一次实验,而不是观察. 报告同时还告诉我们同一批人在 3 种不同条件下接受了 3 次测试,所以这是一次重复测量实验.

b) 从所透露的信息中我们可以了解七要素中的部分内容,但非全部,其中与要素二(与实验对象接触的人员)相关的重要信息被忽略了,也就是说我们不知道实验人员是否知道这次实验的目的. 要素一(实验的资助者)也没有提及,不过我们可以假设这是在一所大学进行的,因为实验对象都是大学生. 最后,第三个要素(实验对象是如何选取的)也没有透露,如果他们都是音乐专业的学生,结果就会有另外的解释.

c) 实验研究固有的问题:混淆量、交互量、安慰剂、霍索恩效应和实验者效应、真实性和普遍性在这个案例中都有可能存在. 其中最突出的可能是实验者效应,虽然我们无法确认实验对象接受过实验人员的暗示,但他们可能会觉察到别人希望自己听完莫扎特音乐后表现要好一些,这样就会使相应的测试成绩有所提高或者使其他两次测试的成绩下降. 另一个比较明显的弱点是这种实验无法对实验对象进行盲试,因为他们对自己身处何种状态是一清二楚的.

另一个问题就是普遍性. 在实验室里听 10 分钟音乐后进行测试所得到的结果对真实世界不一定适用.

不能排除潜在的混淆量. 例如,我们不知道 3 种状态下的测试题是固定的还是随机抽取的. 如果是固定的,有可能某一组志愿者在某种条件下做的题目比较容易,导致分数比较高.我们也不知道研究者在无声状态下与实验对象接触的次数和另两种状态是否一样,如果不一样,那么实验结果就会是接触次数和收听条件相互作用的结果.

d)"研究情况"包含该项研究论文发表时几乎所有的信息,但是原文是在"研究通讯"栏目中刊登的,一般在这种栏目发表的文章可能会经过删减,如果被删内容过多,就会导致信息不完整.

e)作者曾提及"音乐认知能力和'高等大脑功能'之间存在某种相关的、历史的和神秘的关系",但没有对实验结果做进一步的解释.

f)根据第三步的分析,我们可以对结果进行另外的解释.

①因为实验对象知道自己要听的音乐类型,他们会努力在听了莫扎特作品后以更好的表现来满足实验者的需要.

②听莫扎特音乐后做的题目比较容易.

③实验者和实验对象的接触次数.

g)如果结果准确,它表明听莫扎特音乐至少在短时间内有助于提高某一类智商测试成绩,如果你将要参加抽象或空间推理测试,不妨一试.

案例 6.2　统计与法律.

这个案例并不是人们茶余饭后讨论猜测的问题,它涉及美国最高法院根据统计结果所做的一个裁定,从中我们可以看到统计研究的结果是如何对法律产生影响的.

(1)研究情况

20 世纪 70 年代初,一个年龄在 18～20 岁的男青年对美国俄克拉何马州的一项规定提出了质疑,该规定禁止向 21 岁以下的男性出售酒精含量为 3.2% 的啤酒,但是同龄女性则不在其列.

在美国,如果性别差异对"政府目标有重要作用"并且"和这些目标的实现有相当程度的关联",则允许政府做出与性别相关的行政规定.赞成上述这项规定的人认为:保障交通安全是政府的一项重要任务,同时数据也表明男青年比女青年更容易因饮酒过量而导致交通事故.官司最后打到了美国联邦最高法院,最高法院裁决该规定有性别歧视.

为了判定此案,最高法院考察了两组数据.第一组数据如表 6.1 所示,它源于发生在俄克拉何马州的同类案件的统计数据.同时,法院还取得了该州同一年龄段的人口数,这样就可以算出:被捕的 1 393 名 18~20 岁男性占同龄男性的 2%,而被捕的 126 名 18~20 岁女性只占同龄女性的 0.18%,在同一年龄段中,男性被捕率是女性的 10 倍.

第二组数据来自一项"路边随机抽样调查"(其中部分数据如表 6.2 所示),它是从 1972 年 8 月到 1973 年 8 月在俄克拉何马城周围的马路和高速公路上进行的.这种调查一般不需要对司机进行随机抽样,只是在某个地点将一辆或者连续几辆汽车拦住,不管司机是否违规,都要接受检查.

表 6.1 1973 年 9—12 月因酒后驾驶被捕人数的统计

调查统计结果	男 性			女 性		
	18~20 岁	≥21 岁	合 计	18~20 岁	≥21 岁	合 计
酒后	427	4 973	5 400	24	475	499
酒醉	966	13 747	14 713	102	1 176	1 278
合计	1 393	18 720	20 113	126	1 651	1 777

表 6.2 驾驶员血液酒精含量随机调查

调查统计结果	男 性			女 性		
	<21 岁	≥21 岁	合 计	<21 岁	≥21 岁	合 计
酒精含量大于 0.01	55	357	412	13	52	65
总数	481	1 926	2 407	138	565	703
超标比例	11.43%	18.54%	17.12%	9.42%	9.20%	9.25%

假设你是最高法院的法官,根据上述证据以及有关如何处理性别差异的法律,你是否认为应该废止上述规定?

(2) **讨论**

下面就让我们根据前述 7 个步骤来加以讨论.

a) 表 6.1 记录了在 4 个月中俄克拉何马州境内被捕的人数,所以这是观察得到的数据.表 6.2 记录了抽样调查的数据,为了方便起见只是对经过调查地点的汽车进行抽样.

b) 在七要素中有些被遗漏了,其中包括路边随机抽样是如何进行的.

c) 被告方利用表 6.1 的数据证明男青年比女青年更容易因饮酒过度而被捕.

但是,应该考虑其中的混淆量.比如,男青年更喜欢采用引人注目的方式开车,这样,不管是否喝过酒,警察更容易拦住他们的车.与此同时,由于人手限制,那些喝过酒的女青年驾驶的车辆就成了漏网之鱼.再看表 6.2,由于抽样是在固定地点进行的,例如,检查地点靠近体育场,那里刚打完一场比赛,那么马路上的男司机就会增加,他们喝的酒也可能超过平常,如此得到的样本不能代表所有的司机.

d) 除了路边随机抽样以外,信息相对是比较完整的.

e) 在这场官司进行的时候,美国法定饮酒年龄还没有上升到 21 岁,所以以上数据和大多数人的观点是吻合的.

f) 我们已经讨论了表 6.1 中可能存在的混淆量,就是男性驾驶员因其他交通违规行为而被拦下的人数要比女性多.我们可以看表 6.2,被拦驾驶员中有 80% 是男性.因此,至少在当时的俄克拉何马州,开车的男性比女性要多,这也可以解释为什么在因酒精超量而被捕的驾驶员中男性是女性的 10 倍.更重要的是:这项规定之所以受到质疑,是因为上述数据并没有证明男性在酒后驾驶的可能性会大于女性.事实上,从表 6.2 中可以看到,男性驾驶员中血液酒精含量(BAC)超过 0.01 的为 11.43%,而女性超过此指标的为 9.42%.从统计意义上看,两者没有显著的差别.

g) 最高法院最后推翻了上述规定,认为表 6.2 所示数据"没有为对青少年按性别画线提供足够的支持,和由年龄决定能否饮酒的法律相悖".

练　　习

根据 7 个步骤,分析以下案例:

大多数美国人认为枪可以保护自己,但一项针对来自多个州的数百个家庭自杀案例的研究结果表明:拥有枪支导致在家里杀人的可能性是正常情况的 3 倍.

这项在《新英格兰医学杂志》上刊登的研究考察了 3 个人口稠密的地区,分别是华盛顿州的西雅图、俄亥俄州的克利夫兰和田纳西州的孟菲斯,它们因为混合了城市、郊区和农村等各种类型的社区而在全国具有代表性.

尽管在研究期间发生了 1860 起家庭杀人案件,但研究小组只关注有人死亡的案件(共有 400 人被害),研究发现,在拥有枪支的家庭中,其成员自杀的可能是没有枪支的家庭的 2.7 倍.

几乎 77% 案例的被害者是被亲属和所认识的人杀害的,只有 4% 案例的被害者是被陌生人杀害的,其余案例的凶手身份无法确认.

第七章 数据的汇总和展示

问题

● 假设你收到两家公司的录用通知,在比较两家公司时需要考虑的因素之一就是当地的生活费用. 为此,你拿来公司所在地的报纸,分别记录了 50 套公寓出租广告上的租金. 应该如何整理这些数据来做出明智的决定?

§7.1 从数据到信息

前面 6 章主要讲述了正确收集数据的方法,收集数据的目的是为了得出其中所包含的信息. 从这个意义上说,如果数据收集后却杂乱无章地乱放,那么它们和胡乱涂鸦的东西差不多. 举个例子,假设你在某次考试中得了 80 分,想知道自己在全班的排位,而全班分数是以下列方式展现的:

75, 95, 60, 93, 85, 84, 76, 92, 62, 83, 80, 90, 64, 75, 79, 32,
78, 64, 98, 73, 88, 61, 82, 68, 79, 78, 80, 55.

那么这样的一组数据对你来说意义不大. 因此我们需要一些手段来帮助我们分析数据,最终提取有用的信息. 数据分析通常包括图形、表格和计算等 3 种方式,在解决具体问题时可以采用其中的一种或多种方式.

1. 数据中心

一组数据中存在 3 类有用的信息,每类信息会有多种不同的度量和表示方式. 数据中心信息能够反映数据的平均性态或者典型性态,其中一种指标就是所有数据的**均值**(mean, average),比如以上考试成绩的平均数是 76.04. 还有一种就是**中位数**(median),它比一半的数据要大,同时又比另一半要小. 比如上述成绩的中位数可以是 78 和 79 之间的任何一个数,一般取它们的平均数,即 78.5.

上述例子的中位数比平均数略大一些,这是因为有一个很低的分数(32 分)把平均数拉了下来,但是中位数不受它的影响.事实上只要那些低分不超过 78 分,中位数都保持不变.与其他数相差较远的数称为**离群数**(outlier),如何判别数组中的离群数没有固定不变的判断准则,但是在上述考试数据中,32 可以算一个.

数据中心还可以用另一个概念来度量,就是**众数**(mode),即数据组中重复次数最多的数.在上述成绩数据中,64,75,78,79 和 80 都可以算众数,因为它们都出现过两次.众数对于取值范围较小的离散或分类数据最有用.例如,"定量分析"这门课的学生来自各个年级,如果学生的年级分别用 1,2,3,4 表示,那么这些数据的平均数或者中位数并没有多大意义,而众数(即选修人数最多的年级)却更有意义.

2. 变异性

数据蕴含的另一种有用的信息就是**变异性**(variability),它反映了数据值覆盖的范围是都聚在一起,还是大多数聚在一起而只有少数离群值?

数据变异性对于数据的解读也有十分重要的意义.比如,你只知道某次考试的成绩为 80 分,而全班平均分数为 76 分,是不能据此准确评估自己水平的,因为如果全班分数的分布范围在 72 分到 80 分,你就会非常高兴,但如果是 32 分到 98 分的话,你就不会非常高兴了.衡量数据变异性最简单的方法是**极差**(range),即数据中最大值和最小值的差,比如某次考试成绩最高分为 98 分,最低分为 32 分,那么考分的极差就是 $98-32=66$.以后,我们还将介绍关于变异性的另一种更为复杂的衡量方法——标准差.

3. 形态

数据提供的第三种有用的信息就是**形态**(shape).俗话说:"一图胜千字",其含义是说一幅图包含的信息可能用 1 000 个字也无法描述.但对于大量数据来说,还有第二层含义:数据用图形来表示就较容易从中获取信息并且传达给他人.例如民众十分关心"中国的个人收入是大多数数据集聚在中央向两端渐渐减少的橄榄形,还是明显地分成两头的哑铃形?"这样的问题,必须通过图形才能从整体的角度做出准确的回答.又比如,你的考试成绩为 80 分,超过了全班的平均成绩,一般情况下总会感觉自己成绩不错.但是,如果出现这种情况:除你以外,全班一半的同学为 50 分,另一半为 100 分,那么这就意味着你的成绩比全班一半的人还要低,那就有些不妙了.

§7.2　分类变量统计图

对于分类变量数据,人们希望从中知道整体情况如何划分,这时图形就有了用武之地.

1. 饼图

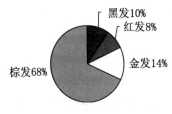

图 7.1　美国高加索人儿童头发颜色分布

饼图(pie chart)适用于按一种标准分类的数据,可以显示每一类中数据在总体中所占的比例,它采用面积的相对大小表示各组数据的多少,比数据表更容易理解.图 7.1 所示的饼图表示美国高加索人儿童头发颜色分布.饼图的缺点是无法显示每一组数据的确切数目,另外当分组个数较多时,要找到相关的信息就比较困难.

用 Excel 软件绘制饼图

a) 在 Excel 软件中输入以下数据,如表 7.1 所示.

表 7.1　数据表 1

发色	棕色	黑色	红色	金色
百分比	68%	10%	8%	14%

b) 选择整张数据表.

c）点击"插入"菜单,在"图表类型"中选择"饼图".
d）在下拉选项中,根据需要选择合适的子类型.

2. 条形图

条形图(bar graph)也是显示每一类数据所占的比例,但它可以同时显示按两种标准分类的数据,其中一种分类变量标示在横轴上,另一类则在各组数据的条形上.

条形图的视觉吸引力不及饼图,但用途比饼图多,它可以用实际频率数代替百分位数,在各个分组比例之和不到100%的情况下也能使用.

为了说明自1950年代以来美国女性就业状况不断改善,我们将16岁及以上的成年人按性别和就业分类,分别统计男性就业率和女性就业率,结果如图7.2所示.需要说明的是,这些数据来源于美国劳动力统计局.因为我们只关心就业情况,没有显示失业率,所以这样分组比例的和就不等于100%了.

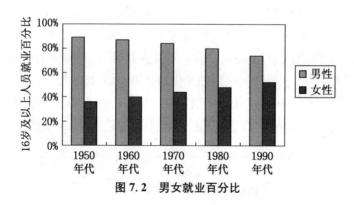

图7.2 男女就业百分比

从这张图可以看出,近50年来,男性就业率持续略有下降,而女性的就业率则持续上升,两者之间的差距从1950年代的53个百分点降低到1990年代的22个百分点.

用 Excel 软件绘制条形图

a）在 Excel 软件中输入以下数据,如表7.2所示.

表 7.2   数据表 2

年代	男性	女性
1950 年代	89％	36％
1960 年代	87％	40％
1970 年代	84％	44％
1980 年代	80％	48％
1990 年代	74％	52％

b) 选择整张数据表.

c) 点击"插入"菜单,在"图表类型"中选择"条形图".

d) 在下拉选项中,根据需要选择合适的子类型.

3. 折线图

生活中存在一些按照时间顺序观察、研究所获得的数据,如气象数据、金融交易数据、经济指数等,这些数据称为**时间序列**(time series). 以时间序列的时间为横坐标、对应数据为纵坐标描点,再用直线连接所形成的图称为**折线图**(line chart). 折线图有助于发现时间序列的变化趋势以及波动规律.

图 7.3 是某河流 20 世纪 60—90 年代每 10 年总流量对应的折线图,它是根据年度径流量汇总所得,从中可以发现这 40 年里流量总体呈增加趋势.

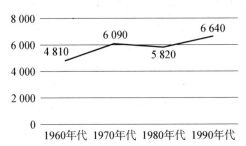

图 7.3   20 世纪 60—90 年代流量汇总(单位:千立方米)

图 7.4 是根据 1970—1989 年 20 年内的年度径流量数据所绘制的折线图,可以发现按年度呈上下波动且有一定的规律.

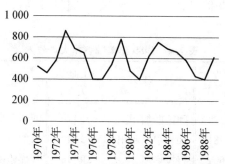

图 7.4 1970—1989 年年度流量(单位:千立方米)

用 Excel 软件绘制折线图

a)在 Excel 软件中输入以下数据,如表 7.3 所示.

表 7.3 数据表 3

年代	流量(千立方米)
1960 年代	4 810
1970 年代	6 090
1980 年代	5 820
1990 年代	6 640

b)选择整张数据表.

c)点击"插入"菜单,在"图表类型"中选择"折线图".

d)在下拉选项中,根据需要选择合适的子类型.

§7.3 茎叶图和直方图

1. 茎叶图

茎叶图(stemplot)是一种可以快速简便地将数组排序并得出整体形态的方法. 表 7.4 列出了 1989 年美国 50 个州和哥伦比亚特区的人均收入.把上述数据扫

描一遍也许会提供一些信息,但是把它们按大小排序以后,会比较容易掌握整体的信息.

表7.4 1989年美国各州人均收入

州	人均收入(美元)	州	人均收入(美元)	州	人均收入(美元)
亚拉巴马州	13 679	阿拉斯加州	21 173	亚利桑那州	15 881
阿肯色州	12 984	加利福尼亚州	19 740	科罗拉多州	17 494
康涅狄格州	24 604	特拉华州	19 116	华盛顿哥伦比亚特区	23 436
佛罗里达州	17 694	佐治亚州	16 188	夏威夷州	18 306
爱达华州	13 762	伊利诺州	18 858	印地安那州	16 005
艾奥瓦州	15 524	堪萨斯州	16 182	肯塔基州	13 777
路易斯安那州	13 041	缅因州	16 310	马里兰州	21 020
麻萨诸塞州	22 196	密歇根州	17 745	明尼苏达州	17 746
密西西比州	11 835	密苏里州	16 431	蒙大拿州	13 851
内布拉斯加州	15 360	内华达州	18 827	新罕布什尔州	20 251
新泽西州	23 764	新墨西哥州	13 191	纽约州	20 540
北卡罗来纳州	15 221	北达科他州	13 261	俄亥俄州	16 499
俄克拉何马州	14 151	俄勒冈州	15 785	宾夕法尼亚州	17 422
罗得岛州	18 061	南卡罗来纳州	13 616	南达科他州	13 244
田纳西州	14 765	得克萨斯州	15 483	犹他州	13 027
佛蒙特州	16 399	弗吉尼亚州	18 970	华盛顿州	17 640
西弗吉尼亚州	12 529	威斯康星州	16 759	怀俄明州	14 135

a) 绘制茎叶图.

① 建茎秆. 第一步将数据范围等分成若干单元,每个单元称为**茎秆**(stem). 在本例中人均收入范围为11 835美元到24 604美元,我们以1 000美元为距离将收入分成11~24共14种茎秆,可以表示的收入范围为11 000美元到24 999美元,结果如图7.5中第一列所示.

一般情况下,我们可以截取数据的前若干位作为茎秆.

② 添枝叶. 将每个数据点(枝叶)根据其前若干位添加到相应的茎秆上,每张枝叶用茎秆后的第一位数来表示. 在表7.4中,人均收入的第三位数字代表一张枝叶,如亚拉巴马州的人均收入为13 679美元,那么该州的人均收入就是值为13的

茎秆上的枝叶.图 7.5 中间一列数据表示亚拉巴马州到佛罗里达州的人均收入所组成的茎叶图,而右面一列数据则是由全部 51 个州(特区)的人均收入所组成的.

```
建茎秆      加枝叶       结果
11|        11|          11|8
12|        12|9         12|9 5
13|        13|6         13|6 7 7 0 8 1 2 6 2 0
14|        14|          14|1 7 1
15|        15|8         15|8 5 3 2 7 4
16|        16|          16|1 0 1 3 4 4 3 7
17|        17|4 6       17|4 6 7 7 4 6
18|        18|          18|3 8 8 0 9
19|        19|7 1       19|7 1
20|        20|          20|2 5
21|        21|1         21|1 0
22|        22|          22|1
23|        23|4         23|4 7
24|        24|6         24|6
```

图 7.5   1989 年人均收入茎叶图创建过程示意图

b) 茎叶图提供的信息.

① 收入范围:最高的康涅狄格州是最低的密西西比州的两倍多.

② 聚集程度:有两个聚类,一个位于 13 000～13 999 美元,另一个位于 16 000～16 999 美元.

③ 分布:尽管人均收入在 20 000 美元以上的茎秆超过了茎秆总数(11～24 共 14 种)的 1/3,但只有 8 个州落在这些茎秆上,不到总数的 1/6.另外没有人均收入过高或者过低的州.

c) 再探茎叶图.

现在我们再举一个例子.以下是同一个人在不同时间测出的 25 个每分钟心跳数据(从小到大排列):

54,57,58,59,60,62,63,63,64,64,65,65,65,66,67,67,68,69,70,70,71,72,74,75,78.

对于以上数据,如果采用最高位作为茎秆,那么只有 5,6,7 这 3 个茎秆.扩大到两位,则所有的数据都成为茎秆,茎叶图将会没有叶子,是光秃秃的一片,这样就得不到有用的信息.

解决上述问题的办法是重复使用茎秆 5,6,7,至于重复次数,因为原相邻茎秆的间距为 10,所以如果重复两次,间距就缩小一半,换句话说,第一个标号为 5 的茎秆上的叶子值的范围为 0~4,第二个是 5~9,如图 7.6 所示.同样,如果重复 5 次,那么心跳数差距将不超过每分钟两次.由于原始茎秆上茎叶只有 10 种不同的值,并且要求新的茎秆的间距相等,因此重复次数不能为 3, 4 等不能整除 10 的数.图 7.6 所示是根据以上心跳数据所绘制的两种茎叶图,左侧重复数等于 2,右侧为 5.

```
                                    5|4
                                    5|7
                                    5|8 9
          5|4                       6|0
          5|7 8 9                   6|2 3 3
          6|0 2 3 3 4 4             6|4 4 5 5 5
          6|5 6 6 6 7 7 8 9         6|6 7 7
          7|0 0 1 2 4               6|8 9
          7|5 8                     7|0 0 1
                                    7|2
                                    7|4 5
                                    7|8
```

图 7.6　同一组脉搏数的两种茎叶图

　　茎叶图的不足在于,当变量数据非常多的时候,即便茎秆选取得再好,也难以避免某个茎秆上茎叶过多的情况发生.

2. 直方图

　　直方图(histogram)是一种最常用的显示度量变量的工具.和茎叶图一样,在绘制直方图之前也要把数据范围等分为若干区间(区间的长度通常相同).所不同的是,茎叶图要把每个值作为叶子列在图上,而直方图只需记录每个区间里的数据个数,然后在区间上画一个矩形,矩形的面积表示数据个数,这样在区间长度取单位值的情况下,矩形高度就代表了数据个数,这种直方图也称为**频数直方图**.

　　画直方图的第二种方式是让矩形面积等于该区间数据个数在全部数据中的比例,显然,这些矩形面积之和等于 1 或者 100%,这种直方图称为**频率直方图**.频率直方图的优点是:在数据极差不变的情况下,不管数据总数有多大,只要每个区间的数据个数在总数中的比例不变,直方图就不变,因此它对于大批量数据尤其适用.频率直方图每个区间所含数据的个数等于矩形面积和总数的乘积,把某个范围内的所有矩形的面积相加就可以算出这个范围内数据所占的比例.图7.7就是根据表7.4的数据所绘制的频率直方图,因为区间长度为1,所以矩形的高度就代表比例,从此图中我们可以看出有近12%的州(6个州)的人均收入在17000~17999美元.

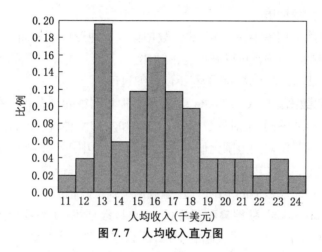

图7.7　人均收入直方图

用 Excel 软件绘制频数折线图

a) 将表7.4输入 Excel 软件数据表中.

b) 选择整张数据表.

c) 点击"插入"菜单,在"图表类型"中选择"直方图".

d) 在下拉选项中,根据需要选择合适的子类型.

注:以上所得直方图的区间长度是系统自动设定的.若需自己设定,操作如下:

① 双击横坐标下数字的范围,打开"设置坐标轴格式";

② 点击"坐标轴",在"箱宽度"中输入自设区间大小.

---

3. 有关数据形态的常用术语

有了数据集的茎叶图和直方图,我们就可以用以下术语对它们的形态进行研究.

　　a) **对称数据集**(symmetric data set):"对称"这个概念被用于描述图形,比如我们经常说菱形、圆形是对称的,它怎么会和数据集发生关系? 现在我们知道数据集可以转换为对应的茎叶图或者直方图等图形,如果在某个数据图形中作一条直线能够把图形分成可以完全重叠的两个部分,则这个数据图形就是对称的,因而称该数据集为对称数据集.

　　在各种对称数据集中,一种特殊的数据集——**钟形**(bell-shaped)数据集特别重要,它外形对称,像一台可以敲打的古钟,图 7.6 所示的茎叶图的形状就近似于对称的钟形曲线,在第八章中我们将予以详细讨论.

　　b) **不对称数据集**(skewed data set):不对称数据集的形态和左右对称的钟形曲线相比有明显的不同. 不对称数据集分右偏和左偏两种,在右偏数据集中,高端(数值较大)数据所覆盖的范围比低端数据所覆盖的范围要大. 例如,前面介绍的人均收入数据就是右偏数据集,因为从比例最高位置到最右端数值的范围要大于比例最高位置到最左端数值的范围. 而左偏数据集则正好相反.

　　c) **单峰**(unimodal)**数据集和双峰**(bimodal)**数据集**:如果茎叶图或直方图像图 7.6 一样,其中有一个明显突起的部位,那么这种数据集就称为单峰数据集,意思是只有一个众数. 相应地,如果有两个明显突起的部位,对应两个众数,那么就称为双峰数据集.图 7.5 和图 7.7 所示的人均收入数据有两个众数,这和我们前面指出的数据中有两组聚类是一致的.

§7.4　5个有用的统计量

　　对于一个数据众多的数据集,我们通常可以采用最大值、最小值、中位数、低四分位数和高四分位数等 5 个统计量进行汇总.

　　以上 5 个数据中,**最大值**(highest)和**最小值**(lowest)不需要做过多解释. 如果数据个数为奇数,那么**中位数**(median)就是将全部数据排序后位于中间的那个数,否则取当中两个数的平均值. 从茎叶图中(尤其是叶子已经排过序的茎叶图)很容易找出中位数. 在图 7.5 中共有 51 个数据,那么它的中位数应该排在数据集的第 26 位,很容易找出这个数是 16 300 美元. 需要注意的是,中位数不能直接根据茎秆上叶子的位置来确定,而应该根据它们的大小.

四分位数(quartile)就是排序后数据集上(下)半部分的中位数,所以可分为**低四分位数**(lower quartile)和**高四分位数**(upper quartile)两种,有许多算法可以找出比较精确的四分位数,其中有的还相当复杂.一般我们只需先找出中位数,然后在所有小于这个数的数据中找出中位数作为低四分位数,在所有大于这个数的数据中找出中位数作为高四分位数.对于表7.4中的人均收入数据,低四分位数是在中位数16 300美元下方25个数的中位数,为13 800美元.高四分位数是上方25个数的中位数,为18 800美元.

将上述5个统计量按照如图7.8所示方式表示,称为**五统计量法**(five number summary).

中位数	
低四分位数	高四分位数
最小数	最大数

图7.8   五统计量法

我们把前述人均收入按五统计量法可以表示如下:

$$\$ 16\,300$$
$$\$ 13\,800 \qquad \$ 18\,800$$
$$\$ 11\,800 \qquad \$ 24\,600$$

从中可以看到,除了数据中心、数据分布范围以外,还可以发现18 800美元和24 600美元之间的差距要大于11 800美元和13 800美元,这说明数据在低端的聚集程度要高于高端,也就是说数据集是右偏的.

计算五统计量的 Excel 函数

Excel软件用于计算五统计量的函数为quartile,使用方法如下:

a)将待处理数据输入表中.

b)任取一个空白格,输入"=quantile(数据范围,参数)".

① 其中,"数据范围"以"数据表左上角单元格位置:右下角单元格位置"表示;

② 参数取"0/1/2/3/4",依次对应"最小值/低四分位数/中位数/高四分位数/最大值".

§7.5 传统的统计量

五统计量法是近年来应用较多的数据汇总方法. 而传统上只用两个数据来描述一组数据, 一个是表示数据中心的平均数, 另一个是表示数据变异性的**标准差** (standard deviation). 因为标准差是方差的平方根, 所以有时候也用**方差** (variance)表示数据的差异性. 对于没有离群数的对称数据集使用平均数和标准差描述是比较合适的, 它们同时也是描述其他数据集性质的重要工具, 所以了解它们的含义、使用范围和局限性就显得尤为重要.

1. 均值

均值是一组数据的算术平均数, 也就是数据值之和除以数据个数所得的商. 如果数据集中存在一个或几个离群数, 均值就会失真. 例如, 你选修了 4 门课, 班上的人数分别为 20 人, 25 人, 35 人, 200 人, 那么, 采用均值 70 来描述这些班级的学生人数情况显然不合适, 因为只有一个班级的人数高达 200 人才得出均值 70, 而其他 3 个班级的人数连 35 人都没有超过.

均值比较适合描述没有过分大或者没有过分小数值的数据集, 如身高、体重等对称数据集. 对于收入、价格等数据集, 一般不用均值而采用中位数.

2. 方差和标准差

要理解标准差, 先看以下两组数据:

a) 100, 100, 100, 100, 100;

b) 90, 90, 100, 110, 110.

虽然这两组数据的均值都是 100, 但是第一组数和均值没有差别, 或者说差别为 0, 而第二组数则和均值有不同程度的差别, 除了和均值相等的数据外, 平均相差 10. 我们用标准差来表示这种差别.

3. 标准差的计算步骤

a) 找出均值；

b) 算出每个数据和均值的差值；

c) 将差值平方；

d) 将所有差值平方求和；

e) 将上述和除以比数据个数小于 1 的数，得到方差；

f) 将方差开根号，就得到标准差.

根据上述步骤，我们计算数据集 90，90，100，110，110 的标准差：

a) 均值等于 100；

b) 数据和均值相差：-10，-10，0，10，10；

c) 差值平方：100，100，0，100，100；

d) 差值平方和等于 400；

e) 数据个数 $-1=5-1=4$，所以方差等于 100；

f) 对方差开根号，就得到标准差等于 10.

由此，我们可以发现，标准差基本反映了数据到它们均值的平均距离. 对于钟形数据集，标准差实际上是一个非常有用的信息. 比如，在正常情况下智商测试结果的均值和标准差分别为 100 分和 16 分，由此我们可以推算：如果我们有一个足够大的代表性群体的测试结果，那么这些数据所对应的直方图近似于钟形，并且它的中心位于 100 分. 群体中每个人的成绩和平均分之间的距离或大或小，但平均距离为 16 分.

对于非钟形数据集，方差本身没有直接的作用，但可以作为中间数据参与更高级的统计处理.

计算均值、方差和标准差的 Excel 函数

Excel 软件用于计算均值、方差和标准差的函数依次为 average(数据范围)、var(数据范围)和 stdev(数据范围).

案例 7.1　**直方图帮助发现作弊者.**

1984 年夏天,美国佛罗里达州一所大学的 88 名学生参加考试,考卷共有 40 道选择题. 监考人员发现学生 C 有抄袭邻座同学 A 的嫌疑,于是就认为学生 C 作弊并提交学校最高评议庭审议.

评议庭在调查中出示了一项证据:在 A 和 C 都没有选对的 16 道题目中,有 13 题的选择是相同的,由于人们普遍认为出现如此巧合情况的可能性极低,因此 C 的诚信有问题.

但是,仔细分析一下,认为上述巧合事件发生概率很小是基于一种假设——"选择题中错误选项被选中的概率是相同的". 但实际情况并不是如此,某些错误选项对考生有比较大的迷惑性,所以被选中的可能更大. 通过检查其他同学的答卷,也证实了这一点,所以评议庭没有当场判决,择日重审.

在重审中,控方采用了更加合理的统计手段,得到 A 和其余 87 名学生有同样答案的题目数并以图 7.9 的形式展示出来,图中一个点对应一名学生. 可以发现,如果不考虑学生 C,其余同学差不多形成一个钟形曲线,唯独学生 C 要远远大于其他同学,因此,A 和 C 的答题如此吻合,一定有其他原因.

但不幸的是,评议庭在复审中忽视了监考人员提供的学生 C 偷看学生 A 试卷的事实,被告乘机辩解称:只凭上述直方图,有抄袭嫌疑的不是 C 而应是 A.

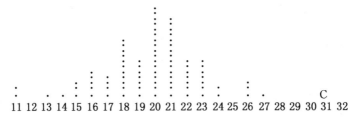

图 7.9　学生 A 和其余 87 名学生答案相同的题目数

练　习

1. 已知全班某门考试分数是:75, 95, 60, 93, 85, 84, 76, 92, 62, 83, 80, 90, 64, 75, 79, 32, 78, 64, 98, 73, 88, 61, 82, 68, 79, 78, 80, 55.

a) 画出上述数据的茎叶图;

b) 根据茎叶图,描述这些数据的形态、离群数、聚合等情况;

c) 用五统计量法总结整理数据;

d) 画出上述数据的直方图.

2. 计算数据集 10, 20, 25, 30, 40 的均值和标准差.

3. 说明在下列情形的数据中,均值和中位数哪个更大或者相等:

a) 关于某个公司的工资,该公司有 100 名工人和 2 名高薪聘请的管理人员;

b) 关于某个地区死者的年龄,该地区的死者可以是婴儿也可以是年长者;

c) 关于某个城市在一个月中售出汽车的价格;

d) 关于大城市中 7 岁儿童的身高;

e) 关于成年妇女的鞋子的尺码.

4. 如果把纽约市的每天中午的气温记录下来,那么容易呈现双峰的数据是夏季数据还是全年数据?

第八章 钟形曲线

问题

● 什么是标准分？标准分如何换算成实际分数？

§8.1 总体、频率曲线和比例

在第七章中我们介绍了如何画出一组数据的图表以及如何描述它的形态，本章将上述思想推广到总体，绘制总体的图表并描述其形态. 这里我们会遇到两个难题：第一，采集总体数据是非常困难的. 第二，即使采集到了，直接用直方图表示将会出现问题. 以男性身高为例，假设我们采集到以厘米为单位的所有男性的身高数据，因为不同身高值太多，如果区间以 1 厘米划分，也就是每种身高都画一个矩形，那么直方图将因为区间总长度超过书本纸张的宽度而无法画出. 所以必须增加区间宽度，这样就会增加区间所对应的不同身高，直方图就无法提供更详细的信息. 因此，处理来自总体的超大规模数据集，必须有新的工具.

1. 频率曲线

上面我们已经指出，对于超大规模数据集，如果我们希望通过直方图掌握详细信息，那么区间按数据的最小单位区分是最好的. 但这样会导致区间总数增加，而直方图的横轴长度是有限的，反映在图形上，每个矩形的宽度就非常短. 如果我们将每个矩形上端的中点连起来，就会形成一条比较光滑的折线. 可以想象，随着数据个数的增加，区间越分越多，折线上的点也越来越密，最终会形成一条光滑的曲线，这条曲线我们称为**频率曲线**(frequency curve). 现实中有许多总体数据的频率曲线呈钟形，例如，身高、智商、同一零件的反复测量结果、标准化考试成绩等等.

频率曲线是由频率直方图不断细分以后得到的，而频率直方图在细分过程中各矩形面积之和始终保持为 1,所以频率曲线和 x 轴所围的区域面积也等于 1. 任意两条与 y 轴平行的直线从上述区域所截面积等于这个区域中数据所占的比例 (频率).

钟形曲线也称为**正态曲线**(normal curve)或**高斯曲线**(Gaussian curve),频率曲线为钟形的数据也称为**正态分布**(normal distribution)的数据,如上述身高等数据.

2. 比例

在生活中,经常需要计算某个范围内数据在总体中所占的**比例**(proportion). 如果是茎叶图,要把在这个范围内的茎秆上叶子个数除以叶子的总数;如果是频率直方图,则要将落在这个范围内的矩形的面积求和;如果用频率曲线的话,则只需要知道这个范围内区域的面积为多少就可以了.

例如,对于如图 8.1 所示分布的数据集,我们可以发现,大于等于 0 的数据所在区域占了总面积的一半,即为总数的 $\frac{1}{2}$ 或者 50%. 由于图形的对称性,对这个例子我们根据图形就可以直观地进行判断,而对于一般的区域(如判断大于 1 的数据所占的比例)采用这种方法就难以奏效了. 这时,我们可以借助专门的数据表或者公式来算出比例数据.

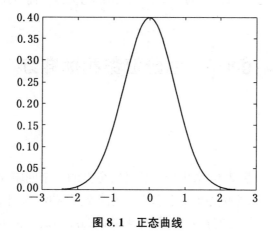

图 8.1 正态曲线

§8.2　正态分布无处不在

我们可以在大自然中找到许多总体上服从(或者近似服从)正态分布的测量数据. 任何来自同类总体的物理度量数据的曲线几乎都呈钟形; 许多关于心理状况的度量数据(如智商)也服从正态分布; 一些标准化的学业水平测试[如(中学生)学习能力评估测试(Scholastic Assessment Test, SAT)]的成绩在一个大规模总体中的分布也呈正态分布. 出现这种现象其实并不奇怪, 它正好反映在大千世界中, 芸芸众生者众, 出类拔萃者和落伍淘汰者寡. 当然, 也有一些数据不是正态分布的, 如保险公司客户请求理赔金额的分布就不是正态分布, 而是偏右的, 也就是说, 大多数客户获赔的金额都比较小, 但是偶尔会有少数客户获得高额赔偿.

有时候原始数据的形状不是正态曲线, 出于某种考虑, 需要对数据做适当的调整, 使原来的曲线变成正态曲线. 所谓学校老师"按曲线分级评分"就是这么做的, 也就是不管实际考分如何, 获得各档次成绩(以 A, B, C, D 表示)学生的百分比是固定的, 这样教师会对分数进行适当的变形, 使大多数学生的分数落在平均分周围, 分数很好或者很差的学生只占一小部分. 如此一来, 学生最终得到的成绩并不是他的卷面成绩. 由于这种做法将集结在高分和低分两端的成绩变得比较分散, 所造成的不幸结果是: 原来相差不多的分数却因为落在这个范围的考分太多而落到不同的档次中.

§8.3　百分位数和标准分

1. 百分位数

在各种招生咨询活动中, 考生和家长经常会提的一个问题是: "某校去年最低录取分数线是 520 分, 今年如果考上 520 分还能不能录取?"对于这种问题, 咨询人员一般很难给出一个确定的答复, 因为每年考试的成绩是变化不定的. 但是, 如果换一个提法: "我们孩子所在学校每年都有 10 多名学生被某校录取, 我们孩子在学校基本上稳定在前 10 名,你看能否录取?"那么就有可能得到比较明确的答复. 又比如,长得高大英俊的男孩子比较容易受到女孩子的青睐,所以"身高"在交友登记簿上是必须填写的数据,那么是不是身高 165 厘米的男性就没人看中? 实际上并非如此. 因为,这个 165 厘米在一些平均身高较高的地区可能算是"矮个",但是在其他地区,完全是标准的身高.

这种现象说明,拿数值直接做比较,有时会得到不可靠的结果. 相反,如果用某人在总体中所占位置作为比较的依据,往往是可行的. **百分位数**(percentile)表示你和别人相比之后在总体中的位置,也就是落在你后面的对象在总体中所占的百分比. 如果你的百分位数是 50,意味着正好有一半的人落在你后面;如果是 98 的话,则只有 2% 的人在你的前面.

在总体差不多呈正态分布的情况下,只要知道总体的均值和标准差,就很容易求出每个数据的百分位数. 因为,虽然不同正态分布数据集对应的正态曲线是不同的,但不管这些曲线形状如何,都是由数据的均值和标准差完全决定的. 进一步,我们对这些不同的正态曲线进行适当的"标准化"处理,就可以在同一张数据表中找到它们的百分位数.

计算百分位数的 Excel 函数

Excel 软件用于计算百分位数的函数为 PercentRank(全体数据范围,被比较数据). 例如,在"A1:A9"单元格中依次输入 1,2,3,6,6,6,7,8,9,在空白单元格中输入"= PercentRank(A1:A9,7)",则返回值为数字 7 的百分位数 70%.

注:Excel 软件返回的百分位数按从小到大排序,与前述正文正好相反.

---

2. 标准分

假设你的智商测试成绩为 116 分,而智商成绩满足正态分布,均值为 100 分、标准差为 16 分,那么你的成绩比均值大一个标准差. 这样,我们称你的标准分为 1. 在一般情况下,**标准分**(standardized score,有时也写作 Z-Score)表示实际分数偏离平均分的程度(以标准差为单位). 如果标准分为正数,说明分数大于平均值;如果标准分为负数,说明分数低于平均值(见表 8.1).

表8.1　成绩按标准正态分布的百分比和百分位数表

标准分 Z	低于 Z 的百分比	百分位数	标准分 Z	低于 Z 的百分比	百分位数	标准分 Z	低于 Z 的百分比	百分位数
−3.72	0.0001	0.01	−0.50	0.31	31	0.39	0.65	65
−3.01	0.0013	0.13	−0.47	0.32	32	0.41	0.66	66
−2.58	0.005	0.5	−0.44	0.33	33	0.44	0.67	67
−2.33	0.01	1	−0.41	0.34	34	0.47	0.68	68
−2.05	0.02	2	−0.39	0.35	35	0.50	0.69	69
−1.96	0.025	2.5	−0.36	0.36	36	0.52	0.70	70
−1.88	0.03	3	−0.33	0.37	37	0.55	0.71	71
−1.75	0.04	4	−0.31	0.38	38	0.58	0.72	72
−1.64	0.05	5	−0.28	0.39	39	0.61	0.73	73
−1.55	0.06	6	−0.25	0.40	40	0.64	0.74	74
−1.48	0.07	7	−0.23	0.41	41	0.67	0.75	75
−1.41	0.08	8	−0.20	0.42	42	0.71	0.76	76
−1.34	0.09	9	−0.18	0.43	43	0.74	0.77	77
−1.28	0.10	10	−0.15	0.44	44	0.77	0.78	78
−1.23	0.11	11	−0.13	0.45	45	0.81	0.79	79
−1.17	0.12	12	−0.10	0.46	46	0.84	0.80	80
−1.13	0.13	13	−0.08	0.47	47	0.88	0.81	81
−1.08	0.14	14	−0.05	0.48	48	0.92	0.82	82
−1.04	0.15	15	−0.03	0.49	49	0.95	0.83	83
−0.99	0.16	16	0.00	0.50	50	0.99	0.84	84
−0.95	0.17	17	0.03	0.51	51	1.04	0.85	85
−0.92	0.18	18	0.05	0.52	52	1.08	0.86	86
−0.88	0.19	19	0.08	0.53	53	1.13	0.87	87
−0.84	0.20	20	0.10	0.54	54	1.17	0.88	88
−0.81	0.21	21	0.13	0.55	55	1.23	0.89	89
−0.77	0.22	22	0.15	0.56	56	1.28	0.90	90
−0.74	0.23	23	0.18	0.57	57	1.34	0.91	91
−0.71	0.24	24	0.20	0.58	58	1.41	0.92	92
−0.67	0.25	25	0.23	0.59	59	1.48	0.93	93
−0.64	0.26	26	0.25	0.60	60	1.55	0.94	94
−0.61	0.27	27	0.28	0.61	61	1.64	0.95	95
−0.58	0.28	28	0.31	0.62	62	1.75	0.96	96
−0.55	0.29	29	0.33	0.63	63	1.88	0.97	97
−0.52	0.30	30	0.36	0.64	64	1.96	0.975	97.5

（续表）

标准分 Z	低于 Z 的 百分比	百分 位数	标准分 Z	低于 Z 的 百分比	百分 位数	标准分 Z	低于 Z 的 百分比	百分 位数
2.05	0.98	98	2.58	0.995	99.5	3.72	0.9999	99.99
2.33	0.99	99	3.01	0.9987	99.87	4.26	0.99999	99.999

　　但是标准分不能准确定位你在全体考生中的位置,这就需要根据如表 8.1 所示的标准正态分布的百分位数表把标准分转化为百分位数. 这里所谓的**标准正态分布**(standard normal distribution)就是均值为 0、标准差为 1 的正态分布. 前面我们谈到的对任何一条正态曲线进行"标准化"处理,就是将它变为一条标准正态分布曲线. 现在,你的标准分是 1,那么通过对比,就可以发现对应的百分位数为 84,也就是有 84% 的考生的成绩要比你低. 一般地,计算某个观察值对应百分位数的步骤如下:

　　a) 根据公式:

$$标准分＝(观察值－均值)/标准差,计算出观察值的标准分; \qquad (8.1)$$

　　b) 查找标准正态分布表,得到对应的百分位数.

　　反之,如果我们知道某个观察值的百分位数,那么也可以倒过来算出观察值本身,步骤如下:

　　a) 查找标准正态分布表得到对应的标准分;

　　b) 根据公式:

$$观察值＝均值＋标准分×标准差,计算观察值. \qquad (8.2)$$

用 Excel 函数实现标准分和百分位数的互换

　　函数 NormsDist(标准分) 可根据标准分得到对应的百分位数;函数 NormsInv(百分位数)则根据百分位数得到对应的标准分.

例 13　GRE 考试.

　　GRE 考试是想在美国攻读研究生学位的大学生必须参加的考试. 据美国教育考试中心提供的数据,在 1989 年 10 月 1 日到 1992 年 9 月 30 日之间参加考试的所有高年级大学生和大学毕业生在语言能力测试方面的平均分为 497 分,标准差为 115. 如果你的成绩是 650 分,那么这意味着什么?

首先我们可以根据公式(8.1)算出：标准分＝(650－497)/115＝1.30,标准分 1.3 正好超过表 8.1 中的 1.28,而 1.28 对应的百分位数为 90,所以你的分数比 90％的人都要高.

例 14 抓鼹鼠.

一家名为 Molegon 的英国公司专门帮人把不想要的鼹鼠从花园中清除出去. 为此,这家公司保留了大量的关于鼹鼠的数据,这些数据表明该公司所在地区的鼹鼠体重总体上呈正态分布,均值为 150 克,标准差为 56 克.欧盟宣布从 1995 年起,能够合法捕抓的鼹鼠的体重必须在 68 克到 211 克之间. 因此,该公司希望知道符合上述条件的鼹鼠占总数的百分比.

上述问题意味着我们需要知道 68 克和 211 克对应的标准分,以它们为两端可以决定一个区间,曲线在这个区间上的面积就是要求的百分比. 这样,可以求出：

$$68 克的标准分 = (68-150)/56 \approx -1.46;$$

$$211 克的标准分 = (211-150)/56 \approx 1.09.$$

根据表 8.1,我们知道 86％鼹鼠的体重不超过 211 克,而体重低于 68 克的鼹鼠占总数的 7％,因此,可以合法捕抓的鼹鼠占总数的 79％(86％－7％).

对于任何满足正态分布的数据,差不多存在以下**经验法则**(empirical rule)：

a) 68％的数据与均值的距离不超过 1 个标准差；

b) 95％的数据与均值的距离不超过 2 个标准差；

c) 99.7％的数据与均值的距离不超过 3 个标准差.

经验法则告诉我们：如果某个数据和均值的距离超过了标准差的 3 倍,它就是离群数. 也就是说,只要知道某个数据集近似于正态分布,以及这些数据的均值和标准差,即使没有表 8.1,我们也可以对数据的分布情况有一个大致的了解. 因此,我们说标准差是数据集的一个重要的衡量指标.

练 习

1. 找出以下各观察值对应的百分位数：

a) GRE 成绩 450 分(均值为 497 分,标准差为 115 分)；

b) 智商测试成绩 92 分(均值为 100 分,标准差为 16 分)；

c) 女性身高 1.72 米(均值为 1.65 米,标准差为 0.06 米).

2. 在美国,每100个新生儿中男婴的数目近似于正态分布,它的均值为51,标准差为5.在某家医院中,100个新生儿中男孩只有36个.你认为这种情况是否反常?

3. 某人应聘一个公共事务岗位,经过投票,48%的人认为可以录用.假设有2 500人参加投票,投票结果是均值为48%、标准差为1%的正态分布.那么,基于上述情况,你认为如果采用大样本抽样调查的话,同意录用的比例超过50%的可能性有多大?

4. 有报道认为,健康成年人的平均体温不是人们通常认为的37℃,而是36.8℃.假设健康人体温满足正态分布,标准差为0.45℃,那么低于37℃的人在健康人群中的比例是多少?

第九章　度量变量间的关系

问题

- 能根据父亲的身高预测儿子的身高吗?
- 以下各对数据是正相关、负相关还是不相关?

  a) 每天摄入的卡路里和体重;

  b) 每天摄入的卡路里和智商;

  c) 摄入的酒精数量和用手灵巧性测试的准确率;

  d) 地方官员的数量和当地的小酒店的数目;

  e) 丈夫的身高和妻子的身高.

§9.1　确定关系和统计关系

统计方法带来的最有意义的进步之一是在将关系定量化的基础上,说明这种关系是否可能存在. 我们已经讨论了阿司匹林和心脏病、孕妇吸烟和孩子智商等多种关系,但是,它们没有采用定量的表示,而是采用了叙述的方式. 本章我们将讨论关联度和回归两个概念,前者表述两个度量变量之间相关程度的大小,后者则可以根据两个相关变量中的一个值来预测另一个变量值.

1. 确定关系

两个变量的**确定关系**(deterministic relationship)是指根据一个变量的值就能够准确判定另一个变量的值,这种关系一般可以用一个公式表示. 例如,虽然重量的国家标准计量单位是克,但是在购物时人们还是习惯于用斤,因为 1 斤等于 500 克,所以通过公式:

$$物体的克数＝物体的斤数×500；\tag{9.1}$$

$$物体的斤数＝物体的克数÷500，\tag{9.2}$$

很容易从其中一个量的值求出另一个量的值.

2. 统计关系

在许多情况下,由于世上万物存在的自然变异性,会导致两个变量之间不存在确定关系,比如我们无法找到一个根据某人身高计算其体重的公式,反之亦然. 但是,如果我们有一大批成年女性的体重和身高数据,那么就可以得到她们平均身高和平均体重之间的一种关系的公式,这种关系称为**统计关系**(statistical relationship). 需要注意的是,如果我们依据这个公式,根据某个女性的身高去推算其体重,那么几乎没有一个人会满足. 所以统计关系不能根据一个变量值准确**判定**另一个变量,但是,在平均意义上,一个变量的值可以**预测**出另一个变量的值. 前面所说的阿司匹林与心脏病的关系实际上就是一种统计关系,这个关系告诉我们：对大多数人来讲,每天服用阿司匹林可以防止心脏病的发生,但是不能保证具体的某个人这样做就不会得心脏病. 统计关系适用于对事物关系的总体描述,统计关系越强,基于这种关系对个体的预测也越准.

散点图(scatter plot)是表示两种度量变量关系的常见方式. 它包括相互垂直的两个轴,横轴表示一个变量(如广告费用),纵轴表示另一个变量(如销售量),两个变量的一对观察值用一个点来表示. 图 9.1 所示就是表示广告费用和销售量关系的散点图.

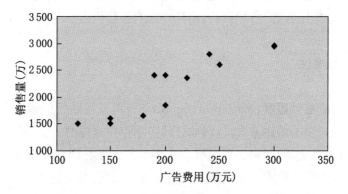

图 9.1　广告费用与销售量的关系图

根据散点图,我们可以知道在一个变量值不变的情况下另一个变量的变化情况以及两种数据之间的变化关系. 从图 9.1 可以发现,这种关系一般无法用一个公式来表示,但是可以看出一种趋势:广告投放越多,销售量越高.

用 Excel 软件绘制散点图

a) 将相关数据输入 Excel 表.

b) 选择需研究的两组数据.

c) 点击"插入"菜单,在"图表类型"中选择"散点图".

d) 在下拉选项中,根据需要选择合适的子类型.

---

§9.2 关系的强度和统计显著性

为了确认两种变量之间是否存在统计关系,研究人员一般需要依据来自某一个样本组成员的度量数据. 但样本数据中存在的关系在总体中是否一定存在? 例如,某项观察研究对 1 000 个家里装有卫星电视的人和 1 000 个家里没有安装卫星电视的人进行了为期 5 年的跟踪,发现家里装有卫星电视的人中有 4 个患了脑癌,家里不安装卫星电视的人中间只有 2 个患有此病. 我们是否可以这样说:家里装有卫星电视的人的脑癌发病率是其他人的 2 倍? 你可能不会相信这种话,因为这可能是采样时"手气比较好"所导致的,而且样本的个数也太少.

1. 统计显著性

统计学中的**统计显著**(statistical significant)可以帮助我们解决上述问题. 这个问题的比较清楚的表达方式是:假如总体中不存在这样的关系,那么在样本中发现这种如此(甚至更加)紧密关系的机会是多少? 大多数研究人员认为:如果在总体中不存在的关系在样本中被发现的可能性小于 5%,那么这种关系是统计显著的. 换句话说,统计显著的关系被观察到的可能性超过 95%,也就是说在样本中发现这种关系并不是偶然的.

当然,这个约定也就意味着,因巧合而发现的关系被徒有虚名地当作统计显著的关系的可能性有 5%,这是为我们无法对整体进行度量而付出的代价. 尽管如此,统计显著的关系还是可以帮助我们从整体上去把握某些事物.

2. 关于统计显著性的两个忠告

虽然我们后面将更加详细地予以阐述,但有两点还是有必要提醒大家,因为它们经常会使人错误地理解统计显著性. 第一就是所谓的"三人成虎",在多次观察基础上所发现的关系比较容易排除偶然性的因素. 如果样本足够大,一些很微弱的关系也可能被认为是"统计显著"的. 也就是说,即使是统计显著的关系,也没有必要把它当作非常强的关系或者有重要实际意义的关系. 第二,如果样本非常小,即使非常强的关系也不一定是统计显著的. 也就是说,如果你看到研究人员称两个变量之间"没有发现统计显著的关系"时,也不要误认为他们已经证明了变量之间不存在关系,他们只是没有找到足够的证据来排除纯属巧合的可能.

§9.3   关系强度的指示器:关联度

1. 线性关系

用一个和变量的单位无关的数量来描述两种变量间的关系强度可以给我们带来许多方便,其中最常见的就是两种度量数据之间的**关联度**(correlation),因为关联度用来描述两个变量沿直线分布的紧密程度,所以也称为(线性)**相关系数**(correlation coefficient),一般记为 r,其计算公式如下:

$$SXX = \sum_{i=1}^{n} (x_i - \bar{x})^2; \tag{9.3}$$

$$SYY = \sum_{i=1}^{n} (y_i - \bar{y})^2; \tag{9.4}$$

$$SXY = \sum_{i=1}^{n}(x_i - \bar{x})(y_i - \bar{y}); \tag{9.5}$$

$$r = \frac{SXY}{\sqrt{SXX}\sqrt{SYY}}. \tag{9.6}$$

值得指出的是,这里所说的关联仅限于描述线性关系,也就是描述散点图上的点是否围绕一条直线分布,所以一些沿着某曲线分布、可以认为是存在明确无误关系的变量,其关联度可能为零.一旦出现这种问题,我们还可以用其他数量来表示其关系强度.

计算关联度的 Excel 函数

Excel 软件用于计算关联度的函数为 Correl(数据组 1 位置,数据组 2 位置),返回值即为两组数据的关联度.

---

2. 关联度的性质

a) 关联度等于 1 表示两个变量完全是线性关系,当一个增大时,另一个也相应增大.也就是说所有数据落在一条直线上,就像是确定关系一样.

b) 关联度等于 −1 表示两个变量完全是线性关系,但是当一个增大时,另一个却减小;

c) 关联度等于 0 表示两个变量间不存在线性关系;

d) 关联度大于 0(正相关)表示两个变量同时增大;

e) 关联度小于 0(负相关)表示一个增大时另一个在减小;

f) 关联度与变量的单位无关.

例 15 夫妻之间的年龄和身高.

有人从英国人口普查资料中随机抽取了 200 对夫妻的年龄和身高的数据,分别用散点图加以显示,发现年龄接近直线的程度要远大于身高,换句话说,夫妻年龄的密切程度比较高,而身高的密切程度则比较低.计算结果是:前者的关联度为 0.94,而后者只有 0.36,这和我们在生活中看到的现象是一致的.

例 16 职业声望与自杀率.

有人将美国 36 种职业按其声望进行打分,同时统计出在各个行业就职的人

(20～64 岁)中的自杀率,然后将每种职业的分数和自杀率用散点图加以描述,结果发现两者之间没有什么联系,关联度也只有 0.109. 进一步的观察还发现,此图中存在一个明显的离群数,对应的职业就是"经理、官员和个体经营者",离群值则表明:这种职业的声望很高,自杀率也很高. 如果排除了这个离群值,那么关联度就降低到 0.018,几乎接近于 0,所以我们可以认为:职业声望和自杀率几乎没有关系.

例 17 **职业高尔夫运动员最后一杆的成功率.**

有人研究职业高尔夫运动员最后一杆击球成功率和距离的关系. 因为对职业运动员来说,距离很近时成功率几乎是百分之百,而距离很远时则几乎不会成功,所以该研究选取了 15 场巡回赛中击球距离从 1.5 米到 4.5 米的记录进行计算,结果发现距离和成功率关联度为 −0.94,这就说明:距离越近,成功率越高.

§9.4　回归方程和线性关系

如果我们发现两个变量之间存在某种联系,除了它们之间的关联强度,我们还希望找到反映这种联系的公式. 比如,如果能够找出一个反映 SAT 词汇能力考试分数和平均绩点之间关系的公式,那么就可以根据某人在 SAT 考试中的词汇能力分数来预测他在大学期间的平均绩点. 事实上,有些学校已经利用这种公式来决定新生录取名单.

如果不加任何限制条件,那么对这个问题可以找到无数个公式. 我们在这里只讨论两种变量间最简单的关系——直线关系,也就是要找出某条直线,使这条直线和散点图上的点尽可能接近. 这种直线称为**回归直线**(regression line),寻找直线的过程称为**回归**(regression),而直线的公式称为**回归方程**(regression equation). "回归"一词是由英国科学家弗朗西斯·高尔顿提出的,他在研究能不能根据父母的身高来预测男孩子成年后的身高时发现预测是可以的,只是这种关系并不是人们所想象的:高个人的孩子会越来越高,矮个人的孩子则越来越矮. 相反,父母高个的孩子其身高平均值低于他们的父母,而父母矮个的孩子其身高平均值则高于他们的父母,因此他把这种现象称为**返回正常**(reversion to mediocrity),后来改为**回归正常**(regression to mediocrity). 于是研究这种关系的方法就称为回归.

那么,怎样找出这条直线? 最简单的办法就是在散点图中找出两点,过这两点的直线就是. 但若这样,每一个人就会有每一个人的做法,得到的直线也各不相同. 事实上寻找直线的目的是根据一个已知的变量值(通常是在横轴上)来预测另一个变量的值,而这个未知变量一般对应于纵坐标,因此我们用纵坐标的差作为判定某点和直线靠近程度的依据,所有点差值的平均则表示直线和所有点的接近程度. 考虑到不同点对应的坐标值的差有正有负,用简单的算术平均会使误差抵消,因此我们将所有点坐标差值的平方和作为依据,找出其中最小的那条直线,这种直线也被称为**最小二乘直线**(least squares line).

1. 直线方程

设纵轴上的变量为 y,横轴上的变量为 x,那么直线方程为

$$y = a + bx, \tag{9.7}$$

其中
$$b = \frac{SXY}{SXX}, \quad a = \bar{y} - b\bar{x}, \tag{9.8}$$

$\bar{y}$, $\bar{x}$ 分别是点的纵坐标和横坐标的算术平均. a 称为直线的截距,b 称为直线的斜率. 显然,当斜率为正时,一个变量值的变化导致另一个变量也做同方向的变化;当斜率为负时,则正好相反.

例 18 **夫妻年龄关系**.

有人根据 100 对夫妻双方的年龄数据,求出最小二乘直线方程为 $y = 3.6 + 0.97x$,其中 x, y 分别表示妻子和丈夫的年龄. 根据这个公式,我们可以得到表 9.1 所示的一组数据.

表 9.1　夫妻年龄关系预测

妻子的年龄(岁)	丈夫的预测年龄(岁)
20	23.0
25	27.9
40	42.4
55	57.0

从表 9.1 中的数据可以看出,丈夫年龄平均比妻子大 2～3 岁,随着年纪越大,夫妻年龄差距越小.

需要指出的是,上述统计关系只反映一种平均的关系,并不是任何一对夫妻的年龄都满足上述关系,事实上可能大多数夫妻的年龄不是严格满足这种关系的.

2. 外推

从回归方程的推导过程可以发现,回归方程在原始数据范围以内是有效的,在原始数据范围以外进行预测要特别谨慎. 一般在距离不远的地方做外推还是可以接受的,但是在距离很远的位置上进行预测往往会吃力不讨好. 比如,根据我们得出的方程,如果妻子平均年龄为 100 岁,那么她们丈夫的平均年龄将是 100.6 岁. 而事实上,考虑到男女平均寿命的不同,如果有一位妇女到 100 岁了还想结婚,那么她的丈夫很有可能会比她年轻.

> **如何在 Excel 散点图中显示回归直线**
> a) 鼠标右键点击散点图中任一数据点.
> b) 在下拉菜单中选择"添加趋势线".
> c) 在右侧弹出的窗口中选择"线性".
> d) 若进一步往下选择"显示公式",还将显示回归直线的方程.

练　习

1. 有 100 个研究人员各自独立研究喝咖啡的多少和身高的关系. 假定这种关系在总体中是不存在的,那么你是否期望还是有研究人员会发现统计显著关系? 如果是,那么大概需要多少人才行?

2. 请解释以下各对变量中是否存在正相关或者负相关的关系:

a) 纽约市和波士顿每天中午的温度;

b) 汽车的自重和每升汽油的行驶里程;

c) 大学生看电视的时间和他的平均绩点;

d) 受教育年份和工资.

3. 假设两个变量在总体中存在一种较弱的关系,那么哪一种样本更容易得出统计显著的关系? 是个数为 100 的还是为 10 000 的?

4. 在关联度等于 0.4 和 −0.6 的关系中,哪一个更强些?

5. 为什么我们不能用已经找到的冬奥会举办年份和 500 米速滑冠军成绩的关系来预测 2006 年冬奥会 500 米速滑冠军的成绩?

6. 在第九章的例子中,我们计算出 200 对英国夫妻双方年龄的关联度为 0.94,这是一种非常强的关系.同时,职业高尔夫运动员最后一杆的击球距离和成功率的相关系数为 −0.94,这种关系被证明是统计显著的.那么,你认为夫妻双方年龄的关系也是统计显著的吗?

第十章 关系中的陷阱

问题

- 在美国东北部某个城市,人们发现每周热巧克力的销售量和每周面巾纸的销售量之间的关联度比较强.你会不会把这种现象解释为因为饮用了热巧克力,所以需要面巾纸?

- 研究人员在多个国家中发现:平均脂肪摄入量和乳腺癌的发病率正相关.换句话说,平均脂肪摄入量高的国家,其乳腺癌发病率一般也比较高.这种关系是否可以作为证据说明食物中的脂肪是乳腺癌的元凶之一?

§10.1 不合理的关联度

在上一章中,我们已经知道两个度量变量之间的关联度可以指示变量间关系的密切程度,关联度强意味着它们紧密相关.如果是正相关,则两者同增或同减;如果是负相关,则一个增导致另一个减,或一个减导致另一个增.

一般来讲,每一个关联度数据都来自一个散点图,和其他任何数值指标一样,关联度并不能代替散点图.在散点图存在下述几种情形的时候,单就一个关联度难以准确反映整体情况,否则将导致人们对整体情况产生误解.

1. 离群数的影响

离群数对平均值有直接的影响,从关联度计算公式可以看到,它们间接地对关联度也有很大的影响(在样本规模比较小的情况下尤为严重),这种影响表现在:如果离群数和其余数据的变化趋势一致,会提高关联度,否则会明显地降低关联度.

例 19　高速公路限速和交通死亡事故.

表 10.1 列出了各国高速公路的最高限速和交通死亡率数据,它们的关联度为

0.55,这表明两者之间存在着一定的关系.

图 10.1 是表 10.1 对应的散点图,图中标出了两个限速最高的国家:英国和意大利,在这两个国家中,意大利的死亡率要远远高于其他国家. 排除意大利的数据以后,关联度降到 0.098,这种关系的密切程度就很弱了. 因此意大利的情况是造成存在上述关系的主要原因.

表 10.1　高速公路死亡率和最高限速

国　　家	死亡率(每亿英里)	最高限速(英里/小时)
挪　　威	3.0	55
美　　国	3.3	55
芬　　兰	3.4	55
英　　国	3.5	70
丹　　麦	4.1	55
加　拿　大	4.3	60
日　　本	4.7	55
澳大利亚	4.9	60
荷　　兰	5.1	60
意　大　利	6.1	75

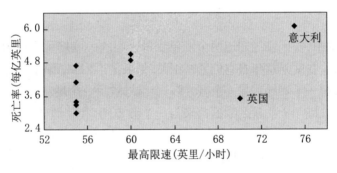

图 10.1　高速公路死亡率和最高限速

与此相反的是,英国最高限速仅次于意大利,但是死亡率却并不高,这就是造成两者几乎不相关的原因. 那么如果再去除英国,关联度一下就从几乎为 0 跳到 0.70,说明这种关系已经达到不容忽视的程度. 由此可见,离群数对关联度的影响几乎可以达到"翻云覆雨"的程度,当然,这并不说明研究限速和死亡率的关系就毫无意义,关于这点我们在后面还将阐述.

数据记录过程中发生的各种错误是导致离群数的直接原因,因此统计人员中间普遍存在这样的共识:在输入的数据中大约有 5% 是坏数据,这些数据的产生是因为或者原始记录有问题,或者在输入电脑时有误. 所以,聪明的研究人员在进行关联度分析前,往往会通过散点图、茎叶图等工具来确定是否存在离群数,如果存在,则根据它们是否合理而进行修改、删除或保留等操作. 当然,这样也难免那些漏网之鱼造成类似上述情况的发生.

2. 可能的离群数和不可能的关联度

需要指出的是,并不是所有的离群数都是不可能发生的,例如,英国和意大利高速公路的最高车速的确要远远高于其他国家,但是关联度理论认为如果相关的两个度量数据都呈钟形分布,则出现离群数的可能性较小. 通过上面的例子我们也可以知道,关联度对于离群数非常敏感,所以,如果某组数据中可能存在离群数或者该数组样本规模本身比较小,那么对这些数据的关联度我们必须十分谨慎. 问题是,并不是所有的研究人员和记者都能够意识到离群数对关联度所造成的杀伤力,限于篇幅等原因,他们无法列出所有的数据,这样就会误导读者.

例 20　美国大陆各州地震强度和死亡人数情况.

表 10.2 列举了 1850 年到 1992 年之间美国本土各州发生的主要地震情况,这 6 次地震的震级和死亡人数之间的关联度为 0.732,显示出比较强的关联,也就是说震级越高,死亡人数越多.

表 10.2　1850—1992 年美国大陆各州主要地震情况

日　　期	地　　点	死亡人数	震级
1886 年 8 月 31 日	南卡罗来纳州查尔斯顿	60	6.6
1906 年 4 月 18—19 日	旧金山	503	8.3
1933 年 3 月 10 日	加利福尼亚州长滩	115	6.2
1971 年 2 月 9 日	加利福尼亚州圣费尔南多山谷	65	6.6
1989 年 10 月 17 日	旧金山地区	62	6.9
1992 年 6 月 28 日	加利福尼亚州犹卡谷地	1	7.4

但是,如果再仔细查阅对应的散点图(如图 10.2 所示),就会发现这样强的关联度完全是那场令人难忘的 1906 年旧金山大地震所造成的. 如果不考虑那场地震,震级和死亡人数的关系正好相反. 事实上,相关系数为 −0.96,呈现出非常强烈的负相关关系,也就是说,震级越高,死亡人数越少.

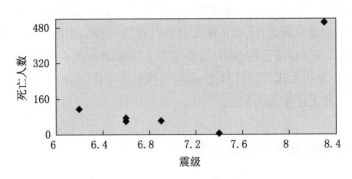

图 10. 2　一种不适合使用关联度的数据集

显然,对一个小规模的数据集,试图根据关联度来解释其变量间关系的强弱是对统计工具的错误使用. 事实上,由于 1906 年发生了美国历史上最大规模的地震,美国提高了建筑物的抗震标准,在 1992 年发生的仅次于 1906 年的地震中,仅有 1 人死亡,当然,这也和地震发生地人烟稀少有关.

3. 被忽略的第三变量

导致不合理关联度的另一种常见错误是把两组(或以上)实际上应该分别研究的数据合在了一起. 若将这些数据分开看,则每一组数据都围绕在一条直线周围,但一旦将它们合在一起,就发现不了这些直线,这样,总体上给人的感觉是两个变量之间的关联度非常弱.

这个问题发生在计数数据中就称为"辛普森悖论",我们将在第十一章专门研究这种现象. 但是,在度量数据中发生的类似问题,统计学家往往缺乏足够的警惕. 所以,如果某篇文章告诉你两个变量的关联度很弱,你应该提醒自己:这会不会是作者把不该合并在一起的数据而合在一起所导致的呢?

例 21　书越薄越贵是真的吗?

大学教授的书架上会有各种各样的书,如教科书、科学专著,甚至还有流行小说. 为了确定一本书的售价能不能根据它的页数来决定,一位大学教授从一个书架上选取了 15 本书,它们的页数和价格如表 10.3 所示. 那么页数和书价的关系如何? 告诉你,上述数据的关联度为 -0.312! 也就是说:书越厚越便宜!

表 10.3　某教授藏书的页数和价格对照表

页数	价格	页数	价格	页数	价格
104	32.95	342	49.95	436	5.95
188	24.95	378	4.95	458	60.00
220	49.95	385	5.99	466	49.95
264	79.95	417	4.95	469	5.99
336	4.50	417	39.75	585	5.95

　　当然正常人是不会相信这个结论的,但问题出在哪里? 我们不妨先画一张对应的散点图(如图 10.3 所示),图中字母 H 表示精装本,S 表示平装本. 马上可以发现一个明显的现象:平装本的书(一般都是小说)页数较多,价格较低,而精装本的书(一般都是科技专著)相对较薄,但价格却很贵. 如果把这两种书分开考虑,的确如大家所想象的:书越厚其价格越贵. 平装本书的关联度为 0.64,精装本书的关联度为 0.35,但是把它们合在一起,不仅把书的厚度与书价间的正相关关系掩盖了,还得出了一个不合理的负相关关系.

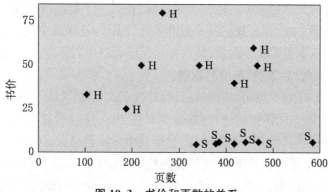

图 10.3　书价和页数的关系

判断离群数的一种方法

　　为判断某数是不是所属数据组的离群数,操作如下:

　　a) 计算除该数以外数组的最大值和最小值、上四分位数和下四分位数.

　　b) 计算上四分位数和下四分位数的差,记作 IQP(四分差).

　　c) 若该数与最大值或者最小值的距离大于等于 IQR 的 1.5 倍,则可以确认;否则,需进一步判断.

§10.2 合理的关联度并不意味着因果关系

前面我们讨论了一些不合理的关联度. 那么如果变量间的关联度经过证明是合理的,是否就可以认为它们之间存在某种因果关系? 这个问题看似很容易回答: "不",因为我们已经知道"关联不等于因果"的道理. 但在实际报道中,那些通过观察所发现的联系和关联经常会给人留下因果关系的印象.

在日常生活中,我们很容易找出一些没有因果关系,但关联度很高的实例. 例如,在某个城市,每周面巾纸的销量和热巧克力的销量在某些特殊的季节中可能会表现出一定的关联,因为它们到了冬季都会上升,而到了夏季都会下降. 孩子们所穿鞋子的尺码和词汇量也有一定的关联,因为随着年龄的增长,他们的脚越来越大,认识的字当然也多.

如果所有的关系都像上述两种关联那样,让人一下就能给出其中的理由或者指出其中的荒谬之处,那么我们就不必再多费口舌了. 在生活中我们遇到的某些关系看上去还的确像是那么一回事,从而使人误以为这中间还存在着某种因果关系.

例22 红肉(牛羊肉)与前列腺癌.

美国《加州大学伯克利分校健康通讯》1994 年 2 月期转载了一篇刊登在《美国癌症研究院学报》上的研究报告,这项研究对在 1986 年接受过饮食习惯问卷调查的 48 000 名男性进行跟踪,到 1990 年,发现其中 300 名已患前列腺癌,其中 126 名已到了晚期. 对于那些晚期患者,这份报告指出:"吃牛羊肉最多的人患前列腺癌的风险比吃牛羊肉最少的人高 164 倍,吃乳制品、鱼、素油不会使风险增加. "

这篇报道会引导我们相信"红肉是导致前列腺癌的元凶之一". 但也许根本就没有这回事,因为我们可以给出另一种解释,它们可能都受到第三种因素的影响,荷尔蒙激素水平就是其中之一.

例23 离婚率和毒品犯罪.

表 10. 4 显示了 1960 年到 1986 年期间若干年份的离婚率和当年因毒品犯罪而入狱的罪犯在全部罪犯中的百分比,两者之间的关联度相当强,达到了 0. 67,据此,传统家庭观念的拥护者认为离婚率的上升导致了毒品犯罪的增加. 但是,这种情况也可以解释为是时代的不同,因为年份和离婚率的关联度更高,达到了 0. 92,

同样年份和在押毒品犯的比例之间的关联度也达到了 0.78,离婚率和毒品犯比例随着年份而起伏,这恰恰反映了时代的变迁.

表 10.4 离婚率和毒品犯罪入狱比率

年份(年)	离婚率(每千对夫妻)	因毒品犯罪入狱者百分比(%)
1960	2.2	4.2
1964	2.4	4.1
1970	3.5	9.8
1974	4.6	12.0
1978	5.2	8.4
1982	5.1	8.1
1986	4.8	16.3

§10.3 导致变量间关系的原因

我们已经看到在许多实例中变量间虽然相关,但并不构成因果关系. 为了进一步理解这种现象,我们下面介绍一些能造成变量关联(包括因果关系)的原因.

1. 解释量是响应量的直接起因

解释量的改变是导致响应量变化的直接原因. 例如,我们比较一个人在近 1 小时内的进食情况和他的饥饿感,就会发现两者是相关的,这样可以认为食物数量的不同将导致饥饿程度的差别.

但是,也存在这种情况:一个变量是另一个变量的直接成因,但是我们却看不到其中有很强的关联. 比如,怀孕是因为发生了性行为,但是,性行为次数和怀孕次数的关系并非强烈,因为大多数性行为并没有造成怀孕.

2. 响应量导致解释量的变化

有时变量间的因果关系和人们的期望值正好相反. 比如,在宾馆房价的折扣率和客房入住率之间,人们一般会把前者作为解释量,后者作为响应量,因为折扣越多,入住率越高.但实际上,宾馆在入住客人不多的情况下会主动向客人提供优惠.所以,从即刻效应来讲,房价优惠和入住率之间的关系和我们通常的认识恰好相反,入住率越低导致房价优惠越多.

3. 解释量变化是导致响应量变化的原因之一

研究人员所遇到的复杂问题的起因很可能是多方面的,例如,即便饮食习惯和癌症类型之间存在着一种因果关系,也不能说某人得癌症就是因为他常吃某一类食物所引起的.但是,当人们发现某种因素是一类现象的起因时,往往不再探究有无其他原因,误认为它就是导致这个特殊现象的唯一原因.例如,科学家们普遍认为艾滋病患者一定感染了 HIV 病毒,也就是说 HIV 病毒是导致艾滋病的起因,但我们不能因此认为 HIV 病毒是艾滋病的唯一起因,事实上,这方面还存在一些相互矛盾的病例.

在前面的章节中,我们还讨论过另一种情况:在总体中的一个部分,一个变量可以是另一个变量的起因.如果研究人员不做分组研究,这个事实就会被埋没掉.

例 24　难产、遗弃和暴力犯罪.

1994 年美国《科学》杂志曾对一项有关暴力犯罪和难产之间关系的研究进行了综合报道,这项研究是由南加利福尼亚大学的科学家完成的,他们发现:婴儿出生时难产和这个孩子成人以后是否犯暴力罪有很高的一致性,研究的数据则来源于一项对 1959 年到 1961 年之间在丹麦哥本哈根出生的男婴所进行的观察研究.

但是,这种联系只对那些被母亲"遗弃"的男孩才成立,这里的"遗弃"是指他们的母亲因为不想要孩子,曾经打算堕胎并且孩子于 1 周岁之前在保育机构生活的时间超过了 1/3.而那些没有被母亲遗弃的孩子则没有显示这种关系,被遗弃但没有难产的孩子与暴力犯罪也没有关系.也就是说,难产且被母亲遗弃的共同作用和暴力犯罪有较高的相关性.

这个研究是基于观察的,所以不能因此认为难产和暴力犯罪有因果关系,即使有,也只适合一部分人.

4. 可能还存在未知的混淆量

我们在第四章中引入了混淆量的概念,我们在这里重述一下:如果由于两个变量的共同作用导致第三种变量发生变化,并且这种作用不能单独分开,那么其中一个就是另一个的混淆量. 也就是说,在混淆量所导致的变化中,我们无法分辨出有多少是因为一种变量所造成的,多少是因为另一种变量所造成的. 我们再看一下本章例 19 中 10 个国家的高速公路限速和死亡率的关系,可以发现两者之间是正相关的,也就是说限速越高,死亡率也越高. 但是这些国家的交通规则、驾驶证发放办法、交通流量等因素也各不相同,实际情况是这些因素和限速的混合作用导致我们所观察到的死亡率的差别,我们不能将限速的影响从这些可能因素的影响中单列出来.

5. 两种变量变化可能源于同一种原因

例如,在生活中经常练习坐禅的人其体内的生化酶含量与比他年轻的人相当. 我们可以猜想:由于坐禅者的某种个性使他们想要进入沉思状态,同时也使他们体内的生化酶含量低于其实际年龄.

再看另一个例子. 我们知道在校大学生的平均考试成绩和他们的 SAT 考试词汇能力成绩之间存在着相关性,当然不能得出结论:SAT 分数高导致大学学习成绩好(当然,它对于增强学生的自信心可能会有一些好处),但是我们可以认为,成绩的好坏和分数的高低都源自同一个解释量,其中包括人的智力、学习态度和临场发挥能力.

6. 两个变量都随时间而变化

有时我们把两个都随着时间而变化的变量加以关联,就会得到一种非常荒谬的联系. 例如,随着时间的推移,奥运会比赛项目的成绩都有不同程度的提高,如果我们把两个不同项目的成绩加以统计,会发现它们之间存在着关联. 社会现象最容易进行这样的处理,本章例 23 关于离婚率和毒品犯罪率之间的联系就是一例. 所以,我们要特别小心那些关联度看似很高的关系,尤其是随着时间的推移同时会发生很大变化的那些变量之间的关系.

7. 所谓的"关系"纯属巧合

如果某种现象发生的可能性非常小,则说明一般极少发生. 即使发生,我们也不必人为地添加不科学的解释,因为小概率事件也有发生的可能. 例如,某新办公楼投入使用不到一年,在楼内工作的员工中患脑瘤的比例明显上升,假定在一幢大楼内同时有这么多患者的可能性只有万分之一,那么人们立刻就会猜想是不是大楼环境出了问题,才会导致这些人得了脑瘤. 得出这种结论的人只看到在某个城市的某幢大楼发生这种现象的可能性极小,而忘了每年新建大楼数以千计,退一步说,即使这种可能性只有万分之一,每1万幢大楼中还会有一幢楼发生这种现象. 这还只是考虑一种疾病,如果是某一类疾病,那么它们在某幢楼内发生就更不足为奇了.

§10.4　因果关系的确认

我们在上一节中对变量间的关联给出了诸多解释,但最终确认这是一种因果关系是不容易做到的,因为从理论上讲,我们除了改变那些疑似解释量并记录相应疑似响应量的变化以外,不能改变关联所在的环境.

从统计的角度来看,确认因果关系的唯一合理途径是采用**设计实验**(designed experiment),也就是通过对大样本的随机指派,使混淆量对不同实验组的影响程度基本相等,这样,即使我们无法确认混淆量作用的大小,也可以排除它们导致关联的可能.

如果无法实施设计实验,那么必须从非统计角度来确认这种因果关系是否合理. 具体从以下3个方面来考虑.

1. 对因果关系有一种合理的解释

如果有一种解释可以说明从起因到结果的整个过程,那么这种因果关系会更令人信服. 例如,在本章例21中,我们建立了精装本书籍厚度和书价的关联关系. 对于这种关联的解释我们不会说是由于价格高因此书的页数就多了,而会自然地认为页数多了价钱就贵了. 进一步我们还给出了一个合理的解释:出版商是根据成本来定价的,页数越多,生产成本就越高.

2. 同一个联系在不同条件下可以重复

如果在不同条件下,经过观察研究发现两种变量间存在着同一种联系,那么这种因果关系的可信度就会提高;进一步,如果这些研究中不存在相同的混淆量,或者解释量的取值范围不同,那么其说服力就更强了.

例如,有关研究不仅表明吸烟和肺癌之间存在联系,而且还证明了:吸烟越多,得肺癌的可能性也越大;吸烟越早,得肺癌的可能性也越大,这些事实使"吸烟引起肺癌"的关系就更加具有说服力.

3. 排除所有可能的混淆量

如果某种关系通过观察研究被第一次发现,观察者脑海中就会一下出现许多可能的混淆量. 例如,人们通常用打坐的方式来安定情绪、舒缓压力,同时也能降低血压. 最新研究报道还表明:每天打坐 2 次、每次 20 分钟,还会导致体内一种名为 DHEA-S 的酶含量发生显著的变化,一个坚持打坐锻炼的人,其体内 DHEA-S 含量相当于一个年轻 5~10 岁的正常人. DHEA-S 是由肾上腺产生的,其含量和人的年龄密切相关,也可以作为检测健康和压力状况的指标.

对于上述关系,我们可以找出"喜欢打坐者中素食主义者比较多"、"酒喝得也比较少"等可能的混淆量,进一步我们进行某种实验来研究这些因素和 DHEA-S 分泌之间的关系,如果这些因素被排除得越多,就越能证明打坐和生物酶分泌之间的关系是合理的.

虽然设计实验是确认变量间因果关系的唯一有效方法,但天衣无缝的实验事实上是找不到的,即使是一项经过精心设计的实验也会遇到各种预料不到的问题,因此不能全盘接受那些自称新发现的因果关系.

练   习

1. 在一年中,柴火的周销量和止咳药的周销量有比较强的关联. 这是否说明了点火会导致咳嗽? 请解释这种关联.

2. 有人请大学生和专家分别对 30 种不同的行为或技术按风险程度进行排序. 表 10.5 列举

了其中风险居前的 8 种行为或技术的排名结果.

表 10.5 风险居前的 8 种行为或技术

行为或技术	专家排名	学生排名
汽 车	1	5
吸 烟	2	3
酒精饮料	3	7
手 枪	4	2
外科手术	5	11
摩 托 车	6	6
X 光	7	17
杀 虫 剂	8	4

a) 请根据表中数据绘制散点图,纵轴是学生排名,横轴是专家排名.

b) 两种排名数据的关联度为 0.407,根据上述部分数据的散点图,如果删除 X 光,你认为关联度是会降低还是会提高? 请解释. 若用杀虫剂替代 X 光,又会怎样?

c) 核技术在专家的排名中位列 20,但被学生列在首位. 如果在表 10.5 中增加核技术的排名情况,那么你认为关联度的变化将会怎样?

3. 假设对某大公司雇员的研究结果发现,员工的体重和他们每天平均步行的距离呈现负相关性. 也就是说,步行越多,体重越轻. 你是否可以得出结论:步行可以减轻体重? 对此现象有无其他解释?

4. 10.3 节中列举了导致变量关联的 7 种可能性. 设计实验可以排除其中的哪一种?

5. 假设某人记录了不同城市的啤酒月销量和当地高速公路死亡人数,以研究啤酒销量和死亡人数间的关联性. 为使结论更加合理,需要将这两个变量按照所在城市的人口数量分组. 请给出这样做的理由.

6. 假设以下各组数据之间都存在着正相关的关系. 那么,在 10.3 节中的 7 种关系成因中,哪一种可能性最大? 如果你认为不止一种,可以列出,但必须指明哪一种解释最贴切.

a) 1950 年到 1990 年,每年的啤酒销量和机动车死亡人数.

b) 某滑雪胜地在冬季中每天发生的滑雪事故数和乘坐滑雪升降机的平均等待时间.

c) 胃癌和吃烤肉,烤肉含有某种致癌物质.

d) 血压和心理压力.

e) 饮食中的脂肪含量和心脏病.

f) 某个高中在电厂附近新建校舍后,白血病发生数是在原址的两倍.

7. 有一种说法认为"在开红色汽车的驾驶员中,因为交通违章而吃罚单的比例超过了开其他颜色的汽车的驾驶员",这是否意味着:如果你把白色汽车换成红色的,就有可能因为一次交通事故而吃罚单? 请解释.

第十一章 分类变量的关系

问题

- 教师请选修某统计课程的学生就期终考试方式做一项调查,要求他们在"当堂完成"和"回家完成"中选择一种. 在分析调查结果时,老师根据期中考试成绩把学生分成两类,发现 25 位成绩为"A"的学生中有 10 位选"回家完成",而在 50 位成绩不是"A"的学生中,有 30 位选"回家完成". 问:用何种形式来显示上述信息?

- 假设某篇新闻稿声称咖啡会使人患某种疾病的危险程度翻番,并且相关研究过程组织严谨、统计方法正确. 那么,在你决定是否放弃喝咖啡之前,还需要知道哪些信息?

§11.1 分类变量间关系的表示方法

1. 列联表

两种分类变量的汇总和显示方法比较简单,我们只需分别统计每种分类组合所含个体的数量,以表格形式加以陈列,这种表格通常称为**列联表**(contingency table),它覆盖了两种分类变量所有可能的组合,每种组合对应表中行和列的交叉点,在表中称为**单元**(cell).

如果其中一个变量可以作为解释量,那么其余的为响应量,一般把解释量按行排列,响应量按列排列.

例 25 阿司匹林与心脏病.

在案例 1.2 讨论的实验中,有两个分类变量:

变量 A = 解释量 = 阿司匹林或安慰剂;

变量 B ＝响应量＝是否得心脏病.

我们将上述研究结果用列联表(表 11.1)表示,其中解释量(是否服用阿司匹林)按行排列,响应量(是否得心脏病)按列排列,4 个单元对应了处理和结果的所有组合.

表 11.1　阿司匹林与心脏病

实验药剂	患病人数	未患病人数	合　　计
阿司匹林	104	10 933	11 037
安慰剂	189	10 845	11 034
合　　计	293	21 778	22 071

2. 条件百分比

只有列联表中每种情况的个体数目相同,我们才可以用直接比较单元数据的方式来获得有用的信息,否则,只能比较当解释量发生变化的时候,每一类响应量在总数中所占百分比的变化情况,这个百分比我们也称为**条件百分比**(conditional percentage). 例如,对于本例,人们所关心的是:服用阿司匹林和服用安慰剂所对应的心脏病发病率是否相同? 也就是第一列(犯心脏病)中两行的人数在各行总人数的百分比是否相同,它们分别是:服用阿司匹林小组中的人得心脏病的百分比 ＝ $104/11\,037 \approx 0.009\,4 = 0.94\%$, 服用安慰剂小组中的人得心脏病的百分比＝$189/11\,034 \approx 0.017\,1 = 1.71\%$.

如果事件发生情况很少(如心脏病患者数),对应条件百分比数值也很小,那么在列联表中可以用每千人、万人甚至十万人中的发生数代替条件百分比,这些数称为**条件发生率**(conditional rate,见表 11.2).

表 11.2　阿司匹林与心脏病

实验药剂	患病人数	未患病人数	合　　计	患病百分比(%)	千人患病数
阿司匹林	104	10 933	11 037	0.94	9.4
安 慰 剂	189	10 845	11 034	1.71	17.1
合　　计	293	21 778	22 071		

表 11.2 除了包含表 11.1 中的数据外,还增加了心脏病患者的条件百分比和

每千人条件发生率,我们发现在这种情况下千人发生数比条件百分比更容易理解.

例 26   性别与酒后驾车.

在案例 6.2 讨论的上诉案中,上诉人称俄克拉何马州将酒精含量超过 3.2% 的啤酒购买者的年龄下限和性别挂钩是一种性别歧视. 美国最高法院审核了路边随机抽查所得到的关于年龄、性别和喝酒行为的数据. 除此之外,路边调查还包含了驾驶员在近 2 小时内是否喝过含酒精饮料的数据,其中,20 岁以下驾驶员的情况如表 11.3 所示.

表 11.3   青年司机饮酒情况路边调查

性　别	近 2 小时是否喝酒		合计	饮酒百分比(%)
	是	否		
男　性	77	404	481	16.01
女　性	16	122	138	11.59
合　计	93	526	619	15.02

表中数据显示,男性饮酒的百分比的确要比女性略高一点,但是根据后面将要讨论的方法,我们不能排除这种情况是由于巧合所导致的可能性. 也就是说,即使男性和女性酒后驾驶的比例实际上完全一致,在调查样本中的比例也会有所差别. 用我们在第九章中介绍的术语来讲,就是我们观察的百分比不是统计显著的. 所以,美国最高法院判定:"被告出示的证据不能说明性别可以作为饮酒和驾驶规则的一种合理而准确的依据."

例 27   吸烟与受孕.

研究人员在一项关于"吸烟和怀孕的关系"的回溯性观察研究中,要求那些怀孕前采取过节育措施的妇女填写她们从停止节育到怀孕的时间(以排卵周期为单位),同时还询问了她们的吸烟情况(这里的吸烟是指至少在受孕期的第一个排卵周期内每天吸烟数超过 1 支),见表 11.4. 我们可以根据两种变量把妇女分类:

变量 A =解释量 = 吸烟或者不吸烟;

变量 B =响应量 = 第一个周期内怀孕或者没有怀孕.

我们所关心的问题是:在吸烟者和不吸烟者中,第一个周期内怀孕的百分比是否相等?

从表 11.4 中所列数据可以看出,不吸烟的人怀孕的比例比吸烟的人要高许多,但是这是一个观察研究,不难发现其中会存在某些混淆量,无法据此认为"吸烟导致怀孕时间拖后",不过至少在采集的样本中,吸烟和怀孕时间之间存在着联系.

表 11.4　吸烟和受孕时间

类　别	受　孕　时　间		合　计	一个周期百分比(%)
	一个周期	两个周期或以上		
吸　烟	29	71	100	29
不吸烟	198	288	486	41
合　计	227	359	586	

§11.2　二阶列联表的统计显著性估计

样本通常只占总体的一小部分,有了根据某一组样本数据所得到的百分比,研究人员还需要进一步知道:在样本中反映的百分比差别究竟是一种巧合还是确实反映了总体中所存在的差别.

1. 分类变量关系强度的度量

如果我们要说明所发现的某种变量间关系并不是巧合所致,那么就需要用到在第九章中简要介绍的统计显著性概念,统计显著性要求这种关系因为巧合所导致的可能性不到 5%. 下面我们介绍如何对分类变量关系运用这个概念.

我们只讨论最简单的二阶列联表(以下简称:2×2 表),这种情况下解释量和响应量分两种情形考虑,关系强度用两种解释量对应结果的百分比之差来表示. 但是,要判断这种关系是否"统计显著",还需要把样本大小的信息一起加以考虑. 为什么要这样? 我们发现,在例 25 中,服用阿司匹林、安慰剂所对应的心脏病发病率只差 $1.71\% - 0.94\% = 0.77\%$;在例 26 中,男、女性酒后驾驶的比例相差 $16\% - 11.6\% = 4.4\%$;在例 27 中,停止避孕后一个周期内怀孕的妇女中不吸烟和吸烟的比例相差 $41\% - 29\% = 12\%$.

显然,例 25 中的 0.77 个百分点的差距很小,100 个人里面 1 个也不到,看似不具备说服力;例 26 中的 4.4 个百分点的差别也不够大,同样不能说服最高法院;例 27 中的差别高达 12 个百分点,看上去已经不小了,但这项调查的对象不到 600 个人,能不能使人相信也要打问号.

2. 关系强度和样本大小

通过前面的讨论我们已经发现,列联表所示关系中是否存在运气的成分不光要看关系的强度,还要看所涉及对象的数目,比如例 25 中的差别虽然小,但是参与者达到了 22 000 个,而例 26 中的参与者和例 27 中的参与者却都只有 600 个左右,从这个方面来说,例 25 结论的说服力要比后面两个高一些.

3. χ^2 统计量

2×2 表的 χ^2(读作:卡方)统计量是将关联度和样本大小综合而成的统计量,它有助于我们确定分类变量关系是否统计显著,一般来说,如果 χ^2 统计量大于 3.84,那么可以认为表中关系是统计显著的. 由于这方面技术性太强,我们在这里不详细阐述 3.84 的来历,读者只需知道:如果某个 2×2 表中的关系纯属巧合所致,那么它的 χ^2 统计量小于 3.84 的可能性为 95%. 换句话说,如果某种关系的 χ^2 统计量大于 3.84,那么我们可以认为一个出现概率不足 5% 的事件在一次观察中就被发现,其原因由于巧合不符合常理(至少在概率意义上). 因此,可以认为这种关系在总体当中是存在的,我们称这种关系是统计显著的.

从以上叙述中我们也可以发现,由于巧合所导致的关系中的 χ^2 统计量不是在任何情形下都小于 3.84,因此从整体而言,有 5% 因巧合所导致的关系会被我们误认为是统计显著的. 反之,实际存在的关系也会因为样本个数太少而被误认为是巧合.

4. χ^2 统计量的计算步骤

(1) 计算每个单元的期望个数

单元的期望个数是假设变量没有关系的前提下,各单元所对应的个体数目,它们可以用以下公式计算

$$单元期望个数 = (所在行合计) \times (所在列合计) \div 表合计. \qquad (11.1)$$

我们以第一列为例说明公式(11.1)的含义,列中所有个体占总数的比例为(第一列的总数)/(全表的总数). 如果两个变量无关,那么上述比例等于列中两个单元占所在行个体总数的比例,所以要计算第一列第一行单元的期望个数,只需将第一列个数的比例乘以第一行个体总数,即

$$(第一行的总数) \times (第一列的总数) \div (全表的总数). \qquad (11.2)$$

由于每一行(列)所有单元的期望个数之和等于该行(列)所有单元的合计,因此,对于 2×2 表,只需利用上述公式算出一个单元的期望个数,就可以用减法得出其余单元的期望个数. 由此,我们可以算出表 11.4 的期望个数,如表 11.5 所示.

表 11.5　表 11.4 的期望个数

类　别	受　孕　时　间		合　计
	一个周期	两个周期或以上	
吸　烟	$100 \times 227/586 \approx 38.74$	$100 - 38.74 = 61.26$	100
不吸烟	$227 - 38.74 = 188.26$	$486 - 188.26 = 297.74$	486
合　计	227	359	586

需要说明的是,虽然人数一般用整数表示,但是这一步的计算结果却不能四舍五入为整数.

(2) 比较观察人数和期望人数

我们在求列联表中每个单元的期望人数和实际人数的差时,为了避免出现负数,用差的平方作为度量标准,同时相对于期望值做标准化处理,于是可以得到以下公式

$$(观察人数 - 期望人数)^2 \div (期望人数). \qquad (11.3)$$

如果是 2×2 表,那么可以证明所有单元中的分子值相同,但是,如果列联表的行数和列数中有一个大于 2,那么分子就不相等了. 例 27 中第一个单元的分子为

$$(观察人数 - 期望人数)^2 = (29 - 38.74)^2 = (-9.74)^2 \approx 94.87.$$

因为各单元的分子值相同,所以,例 27 对应的结果如表 11.6 所示.

表 11.6　观察人数和期望人数的比较

类　别	受　孕　时　间	
	一个周期	两个周期或以上
吸　烟	$94.87/38.74 \approx 2.45$	$94.87/61.26 \approx 1.55$
不吸烟	$94.87/188.26 \approx 0.50$	$94.87/297.74 \approx 0.32$

（3）计算 χ^2 统计量

对第（2）步所得的各单元的数据求和就得到所谓的 χ^2 统计量. 例如,例 27 的 χ^2 统计量就等于

$$2.45 + 1.55 + 0.50 + 0.32 = 4.82.$$

（4）判断

对于 2×2 列联表,如果 χ^2 统计量大于等于 3.84,则认为表中关系具有统计显著性. 对于其他规模更大的列联表,相关的数据需要在"χ^2 分布百分位数表"查找(该表在大多数统计书中都有).

由于吸烟与受孕问题的 χ^2 统计量为 4.82,超过了 3.84,我们可以认为吸烟与受孕时间的关系是统计显著的,也就是说,表 11.4 所示怀孕时间的差别的确反映了在总体的类似女性中实际存在的差别,这不是调查人员随便抽取一些人所得出的结论. 当然需要补充说明的是,这种结论的前提是:假设这些研究对象是总体的一个随机样本.

5. 实际意义和统计显著

我们必须承认"统计显著"并不意味着两个变量的关系一定有重要的实际意义. 有一句话"谎言重复一千遍就成为真理",即使两个变量之间的关系很弱,只要有足够的观察次数,不难使对应列联表的相关统计量达到统计显著的要求. 这个事实反过来讲就是,即便两种变量在总体中的确存在关系,但如果观察到的次数不够,对应列联表的统计量就不能满足统计显著要求,这也就说明了另一个道理:"好酒也得勤吆喝". 以上两方面的事实告诉我们,要使别人相信列联表所示关系并不是调查者运气好才得到,这种关系要么非常强,要么样本个数非常多.

为了帮助大家理解上述道理,我们以阿司匹林和心脏病的关系为例加以说明. 根据定义,我们可以算出表 11.1 的 χ^2 统计量为 25.01. 如果我们把观察的总人数

除以 10,而表 11.1 中的关系仍然保持,因为各单元数据也降低到原来的 1/10,新表的 χ^2 统计量也只有原来的 1/10. 也就是说,当参与研究的总人数从 22 071 人降低到 2 207 人(这个数在一般人的眼里也是蛮可观的),χ^2 统计量只有 2.501,这时即使观察得到的数据中仍然存在同样的关系:服用阿司匹林组中每千人有 9.4 个心脏病患者,服用安慰剂组中每千人有 17.1 个患者,我们却无法声称自己找到了一个"统计显著的发现".

在生活中还会存在另一种现象:对于某些缺乏统计显著性的研究数据,研究报告会错误地暗示研究的关系因此一定不存在.事实上,某项研究报告声称在两种变量之间"未发现关系",不是说这种关系没有被观察到,而是它没有满足统计显著的要求.所以,当你在日常生活中遇到这样的情况时,还需要确认一下参与这项研究的对象个数是否太少,如果参与对象的确太少,你应该想到如果增加样本个数的话,结论可能就不同了.

我们应用统计显著性的观点来研究例 26 中呈送给美国最高法院的证据,看看是否可以排除偶然因素导致男驾驶员酒后驾驶的比例高于女性的可能. 表 11.7 列出了表 11.3 对应的期望人数,联合上述两个表,可得出该调查的 χ^2 统计量等于 1.637,也就是说,在酒后驾驶比例方面,男性和女性之间的差别不能满足统计显著性的要求.最高法院最后判决的依据就在于此.

表 11.7　青年司机饮酒情况路边调查的期望人数

性　别	近 2 小时是否喝酒		合　计
	是	否	
男　性	72.27	408.73	481
女　性	20.73	117.27	138
合　计	93	526	619

案例 11.1　超感和电影.

通过五官以外的途径获取信息的能力被称为超感(extrasensory perception, ESP).早期关于超感实验的重点一般放在要求实验者猜出诸如纸片上的符号这样的简单东西,然后比较用超感的正确率与单凭运气猜出的正确率.近年来,实验者猜想的对象变得更有趣一些,包括诸如照片、室外景色或者很短的电影片段等.

在 1994 年开展的一项有关超感的研究中,研究人员把实验者分为接收者和发送者两组,要求发送者观看电视屏幕,接收者在另一个房间把发送者看到的图像描述出来. 具体方式为:先准备 4 种图像并用文字分别加以描述,然后从中随机抽取一个给发送者观看,接收者则从 4 种描述中选择一个他认为就是发送者所见图像的描述. 显然,接收者凭运气猜对的可能性是 25%,但是,实验结果的正确率达到了 34%.

研究人员还猜想:在超感实验中,动态图像的正确率要高于普通的静态图像. 为了验证这个猜想,在实验中,发送者在电视屏幕上看到的有时是一幅静态图像,有时则是一段反复播放的录像片段;而接收者看到的则是同一类型图像(静态或者动态)的 4 种描述,其中有一种是正确的. 我们感兴趣的是:实验成功率是否与图像类别有关. 实验结果如表 11.8 所示.

表 11.8　超感研究结果

图像类别	猜测正确次数	猜测错误次数	合　计	成功率(%)
静态图像	45	119	164	27
动态图像	77	113	190	41
合　计	122	232	354	34

表 11.8 对应的 χ^2 统计量为 6.675,已经超过一般情况下满足统计显著所需要的 3.84,所以,在超感实验中,图像猜测的正确率与图像类型有关的说法并不是没有依据. 直接从数据来看,单凭运气,成功率也能达到 25%,而静止图像的成功率只有 27%,两者几乎没有差别,但是,动态图像 41% 的成功率就远远高于单凭运气的 25% 了.

§11.3　关于机遇的相关术语

生活中机遇无处不在,各种报道中对机遇大小的度量以及机遇随解释量不同而变化的叙述方式也五花八门. 为了便于大家理解,下面我们结合具体的例子,分别对一些常用的有关机遇的术语进行说明.

假设总体由 1 000 个个体组成,其中 400 个携带某种疾病的基因. 这种情况可以采用以下等价的表达方式:

a) 基因携带者的**百分比**为 40%；

b) 基因携带者的**比例**为 0.40；

c) 某人携带基因的**概率**(probability)为 0.40；

d) 携带基因的**风险**(risk)为 0.40；

e) 携带基因的**优势**(odds)为 $4:6\left(\text{或者等价地}, 2:3, \dfrac{2}{3}:1\right)$.

上述术语在一般情况下的定义为：

a) 某种特性的百分比 ＝(有此特性成员数÷总数)×100%；　　　　　(11.4)

b) 某种特性的比例 ＝有此特性成员数÷总数；　　　　　　　　　(11.5)

c) 持有某种特性的概率 ＝有此特性成员数÷总数；　　　　　　　(11.6)

d) 持有某种特性的风险 ＝有此特性成员数÷总数；　　　　　　　(11.7)

e) 持有某种特性的优势 ＝有此特性成员数：其他成员数.　　　　　(11.8)

上述术语根据公式很容易进行相互转换，如果比例等于 p，那么优势就等于 $[p/(1-p)]:1$. 如果优势等于 $a:b$，那么比率等于 $a\div(a+b)$.

1. 相对风险

如果一个解释量的取值分成两类，那么它们的**相对风险**(relative risk)等于所对应结果的风险之比. 相对风险通常以倍数的方式出现，例如，相对风险为 3，在有关报道中则会写成：某组成员患某种疾病的风险是另一组成员的 3 倍. 同一个解释量，相对风险有两个值，它们互为倒数. 由于人们比较关心风险较大的情况，因此一般取其中大于 1 的那个.

例 28　**初育年龄和乳腺癌.**

表 11.9 列出一项健康和营养方面的调查结果，可以算出：

a) 25 岁及以后首次生育的妇女患乳腺癌的风险 ＝$31\div1628\approx0.0190$；

b) 25 岁以前首次生育的妇女患乳腺癌的风险 ＝$65\div4540\approx0.0143$；

c) 相对风险 ＝$0.0190\div0.0143\approx1.33$.

也就是说 25 岁及以后首次生育的妇女患乳腺癌的风险是 25 岁以前的 1.33 倍，上述列联表的 χ^2 统计量为 1.75，小于 3.84，所以我们不能断言这种情况在总体中也会存在. 再进一步，我们可以猜想在总体中相对风险也可能就是 1. 这样，从总体上讲不同初育年龄的妇女患乳腺癌的风险是相同的.

表 11.9　初育年龄和乳腺癌

初育年龄	有乳腺癌	无乳腺癌	合计
≥25 岁	31	1 597	1 628
<25 岁	65	4 475	4 540
合　　计	96	6 072	6 168

相对风险是用一种风险是另一种风险的若干倍来表示风险的大小,它的另一种表示形式为**增长风险**(increased risk),也就是两者相差的百分比. 计算公式为

$$增长风险 = (风险的增长 / 原始风险) \times 100\%$$

$$= (相对风险 - 1) \times 100\%. \tag{11.9}$$

例如,根据上面结果,25 岁后初生育的妇女患乳腺癌的增长风险为 33%.

2. 优势比

流行病学家是专门研究疾病以及其他健康问题的起因和演变的专家,他们在比较风险时不用相对风险指标,而代之以**优势比**(odds ratio)指标. 在疾病风险较小的情况下,这两种指标的值是相同的,但前者容易理解,后者则易于做统计处理,这在健康类杂志的文章中经常出现. 优势比的计算方法为:先计算每种解释量对应的优势(生患者数和未生患者数之比),再计算两种优势的比值. 还是以例 28 为例:

a) 25 岁及以后初育的妇女患乳腺癌的优势 $= 31/1\,597 \approx 0.019\,4$;

b) 25 岁前初育的妇女患乳腺癌的优势 $= 65/4\,475 \approx 0.014\,5$;

c) 初育年龄和乳腺癌的优势比 $= 0.019\,4/0.014\,5 \approx 1.34$.

我们可以发现优势比(1.34)和相对风险(1.33)非常接近,这也就从另一个侧面验证说明了患乳腺癌的风险和妇女初育年龄的关系很小.

对于任意的 2×2 列联表,我们可以根据上述算例推出另一个公式

$$优势比 = 左上角单元值 \times 右下角单元值 \div$$

$$(左下角单元值 \times 右上角单元值). \tag{11.10}$$

这个公式用起来比较方便,但不易理解. 一般要求优势比的值大于 1,使用时它还可以有另一种形式

$$优势比 = 左下角单元值 \times 右上角单元值 \div$$

$$(左上角单元值 \times 右下角单元值). \tag{11.11}$$

§11.4 有误导作用的风险统计量

风险统计指标在几个方面会有误导作用,不过在报道中只强调其新闻价值,而忽视了其中的信息,所以普通读者从有关新闻报道中往往无法获得必要的信息.

1. 忽略基准风险

1984 年 3 月 8 日,有一家美国报纸以"癌症与啤酒关系的新证据"为题在头版头条刊登了有关研究的报道,声称:每月喝啤酒超过 500 盎司(约合 14 升)者患直肠癌的风险是不喝者的 3 倍.如果你爱喝啤酒,读了这篇报道,是不是就不再喝啤酒了?

3 倍的相对风险看起来是挺吓人的,但是在不了解具体的风险数值情况下,就随便改变自己的生活习惯也过于草率.因为,同样是 3 倍,十万分之一增长到十万分之三和 1/10 增长到 3/10,其意义完全不同,所以,报道在讲述相对风险的同时,也应该给出基准风险.

公平地讲,这篇报道也披露了美国癌症学会提供的数据:美国每年新增直肠癌患者数约为 4 万人,报道同时还指出在 3600 位不喝啤酒的研究对象中,有 20 个人得了直肠癌,这样基准风险为 0.0056 或者是 1/180.这样,我们就可以知道每月喝啤酒超过 500 盎司者患直肠癌的风险为 3/180,即 1/60.

同时,我们还应注意到这只是一项观察研究,不能据此认为确实是啤酒导致了直肠癌发病率的提高,可能还有其他饮食方面的因素混淆其中.

2. 风险会随时间而变

一本健康类书籍中有这样的描述,"意大利科学家声称动物蛋白和脂肪含量高的食物,如干酪肉饼、炸薯条、冰淇淋等,会使女性得乳腺癌的风险增加 3 倍",而美国癌症学会也认为,在美国,每 9 位女性中约有 1 人会得乳腺癌,这是不是意味着如果某位妇女常吃高动物蛋白和高脂肪的食物,其患乳腺癌的可能性就是 1/3?

意大利科学家的论述不够充分,既没有详述这项研究是如何进行的,也没有指出参与研究的妇女的年龄以及这项研究的基准发病率.

既然已经知道乳腺癌发病率为 1/9,为什么还要知道这项研究的基准发病率呢? 关键因素就是年龄. 1/9 是女性在一生中得病的可能性. 和其他大多数疾病一样,这种可能性随着年龄的增长而增加. 据加州大学伯克利分校《健康通讯》1992年 7 月发表的数据,女性在一生中得乳腺癌的可能性按年龄段依次为

a) 50 岁以前:1/50;

b) 60 岁以前:1/23;

c) 70 岁以前:1/13;

d) 80 岁以前:1/10;

e) 85 岁以前:1/9.

30 岁出头的妇女每年患乳腺癌的可能性为 1/3700,但是过了 70 岁,这种可能性就上升到了 1/235. 如果意大利科学家研究的对象都非常年轻,那么风险增加3 倍只是一个很小的增长. 不幸的是,这本书根本没有提及这项研究工作的出处,所以也就无法做出明智的判断.

3. 报道的风险不等于自己的风险

某报在 1994 年 4 月 15 日刊文说:"在去年(加州)被盗数量最多的 20 种汽车车型中,有 17 种已经生产了 10 年以上."并冠以标题——"被盗旧车多于新车". 看了这个标题,你可能会立刻萌发购买新车的念头.

事实真是这样吗? 我们不妨假设你有两辆汽车,一辆是新车,另一辆车的车龄为 15 年,两辆车都停在你家门外的马路上. 旧车被人偷走的可能性一定比新车大吗? 事实也许如此,但文章所提供的信息和这个问题却无关.

对消费者而言,真正有意义的问题是:"新车被盗的可能比旧车是增加还是降低?"车辆被盗的原因有很多,比如,某些人比较爱出风头,他们的车也更容易受到偷车贼的关注;一般旧车停放在室外,小偷比较容易得手,而新车则停在车库中,有的车库还会有专人看管,小偷下手的风险就比较大;有的车的车门比较容易被打开

或者没有安装防盗系统,失窃的可能性当然就很大,这其中旧车也占了很高的比例;有的偷车贼只是对车上值钱的旧零部件感兴趣,而这些东西往往只有老爷车才会配置.在上述诸多原因中,有的涉及车龄,有的则和车龄无关.所以要回答这个问题,不能只依赖"哪些车最容易被偷"这一种信息.

§11.5　辛普森悖论:神秘的第三变量

在第十章中我们已经发现,在书价和页数关系研究中,如果忽略了装订方式这个第三个原因,就会得出"书越厚越便宜"这样一个荒诞的结论.在研究分类变量间的关系时,也存在同样的现象,这种现象称为**辛普森悖论**(Simpson's paradox),它表现为:在研究两种变量间关系时,是否考虑第三个变量会导致两种截然相反的结果.

例 29　两种治疗方法的效果比较.

假设某种疾病有一种新的治疗方法,有两家医院愿意参加验证这种方法的实验,其中 A 医院医生水平高、设施齐全,因治疗晚期患者而闻名,而 B 医院只是一家社区医疗中心.

两家医院都收治了 1 100 名患者作为实验对象,因为主持这项实验的研究人员以 A 医院的医生为主,A 医院决定对大部分患者采用新疗法并让患者住院治疗,于是从中随机选取了 1 000 名患者,对其余 100 名患者则采用标准治疗法.而 B 医院则不敢对大量患者实施新疗法,只随机抽取了 100 名患者进行实验,对其余的还是采用标准疗法.实验结果如表 11.10 所示.

表 11.10　两种治疗方案生存病例

方案类别	A 医院			B 医院		
	生存数	死亡数	合　计	生存数	死亡数	合　计
标准方案	5	95	100	500	500	1 000
新方案	100	900	1 000	95	5	100
合　计	105	995	1 100	595	505	1 100

基于上述数据,表 11.11 给出了新旧两种疗法的风险数据.

表 11.11　两种治疗方案风险比较

风险类别	A 医院	B 医院
标准方案死亡率	$95/100 = 0.95$	$500/1\,000 = 0.5$
新方案死亡率	$900/1\,000 = 0.9$	$5/100 = 0.05$
相对风险	$0.95/0.9 \approx 1.06$	$0.5/0.05 = 10$

我们可以发现,不管是 A 医院还是 B 医院,新疗法的死亡率都低于标准疗法,新疗法看起来是成功的,这一点在 B 医院尤为突出,新疗法的死亡率只有原来的 1/10.

如果我们把两家医院的数据合在一起来观察实验的总体效果,就得到表 11.12,这张表给人的印象是标准疗法的死亡率是新疗法的 66%,新疗法比标准疗法要差!

表 11.12　总体风险比较

方案类别	生存数	死亡数	合计	死亡率
标准方案	505	595	1 100	$595/1\,100 \approx 0.54$
新方案	195	905	1 100	$905/1\,100 \approx 0.82$
合　计	700	1 500	2 200	$0.54/0.82 \approx 0.66$

这到底是怎么回事? 让我们再深入探讨一下. A 医院研究力量强,名气大,病情比较重的患者往往会被送到那里,这样重患者接受新疗法治疗的可能性就高,但重患者死亡的可能性也高. 但是,如果两家医院的数据一合并,我们就无法发现“A 医院患者的病情比 B 医院患者的严重,同时接受新疗法的可能性也高”这个重要信息.

辛普森悖论告诉我们:将不同小组的信息简单合并后加以统计是危险的,当患者(或者实验对象)不是以随机方式分配时更是如此. 当然,如果患者是随机分配到两家医院的话,这种现象就可能不会发生,但这种做法显然是不人道的.

问题是,如果其他人把 3 个变量合并成两个后再把汇总数据交给你,你怎么能够找出其中还存在可能会导致辛普森悖论的因素呢? 凭常识可能会发现一些. 因此,在阅读有关报表时,也应该思考一下会不会把不该合并的信息合在一起了.

案例 11.2 企业用工是否存在某种歧视.

相对风险源于和疾病、伤害有关的医疗数据分析,并不适用于所有数据. 例如,就业情况研究采用的是另一个等价指标——**选择比**(selection ratio),首先将某个岗位的录用率按某个标准(如性别、种族)分类计算,上述分类录用率之比就是选择比. 比如,某家公司在男性中的录用率为 10%,在女性中的录用率为 15%,那么女性和男性的选择比为 15/10 = 1.5. 和我们讨论过的相对风险类似,这说明女性被录用的可能性是男性的 1.5 倍. 但是,如果某公司在员工录用中存在歧视行为,投诉方往往将选择比倒过来计算. 例如,在上述情况发生以后,男性可以以被录用的可能性只有女性的 10/15 = 2/3 为由进行投诉.

美国政府有关部门在处理用工歧视问题时设置了一项规定:如果某种特殊人群的录用率与其他人录用率之比小于 0.8,则可以认为企业的录用标准对特殊人群存在某种歧视行为,雇主必须调整其相关政策.

也有学者认为,这项规定有些含糊不清. 他们举出了一个在美国劳工部临时解雇员工时所发生的官司,当事双方都试图以对自己有利的方式来解释上述规定. 这件事情发生在劳工部驻芝加哥办事处管辖的范围,具体情况如表 11.13 所示.

表 11.13 中数据表明,白人被解雇率和黑人被解雇率之比为 3/8.6 ≈ 0.35,远远低于公平标准 0.8,明显违反选择比规则. 但被告方认为选择比应该按未解雇人员比率计算,这样的话黑人和白人的未解雇率分别为 91.4% 和 97%,对应的选择比为 91.4/97 ≈ 0.94, 大于 0.8,属于正常范围.

表 11.13 劳工部芝加哥办事处员工解雇情况

种族	是否被解雇		合计	解雇率
	是	否		
黑 人	130	1 382	1 512	8.60%
白 人	87	2 813	2 900	3.00%
合 计	217	4 195	4 412	

初审法院采纳被告方的观点,但上诉法院法官则判此案重审,要求增加新的统计数据,以排除偶然因素导致这种自相矛盾情况的可能性.

作为练习,我们可以算出这个案例的 χ^2 统计量. 但对它的解释必须慎重,因为表 11.13 中的人物不是从总体中随机抽取的样本,只是一批特定的雇员. 有学者指出,在这个案例中,如果用优势比代替选择比就可以避免上述尴尬,因为优势比比较的是不同肤色人种的被解雇人数和未解雇人数之比,就不会造成原被告双方各取所需的情况.进一步我们可以算出

$$优势比 = 130 \times 2\,813 \div 1\,382 \div 87 \approx 3.04.$$

这个数字告诉我们:黑人被解雇和未解雇人数之比是白人的 3 倍还要多,或者白人是黑人的 1/3,以此作为评判平等与否的依据.

练 习

1. 假设某个关于"性别和党派关系"的课题调查了男女各 200 个人,发现有 180 个为民主党人、220 个为共和党人. 如果要编制一张列联表,这些信息够吗? 如果够了,请列出列联表,否则请解释为什么.

2. 某媒体报道了一项研究,在 232 个 55 岁以上、动过心脏手术的人所接受的一项调查中的问题包括"宗教信仰是否给自己增添了力量,可以坦然面对疾病的袭扰"、"是否定期参加社会活动". 在对两个问题都做了肯定回答的患者中,有 1/50 的人在手术后 6 个月内死亡;在都做否定回答的人中间,有 1/5 的人在手术后 6 个月内死亡. 这两个组 6 个月内死亡的相对风险是多少?请将你的答案用一行两字加以说明,使没有受过统计知识训练的人也能明白.

3. 某组织 1992 年在美国成年人中间开展了一次调查,以确定有多少人有过类似遇见鬼、灵魂升天、看到不明飞行物这样的经历. 调查样本选自美国本土各州并且是在被调查者家里进行. 其中关于是否见过鬼的调查结果如表 11.14 所示.

表 11.14

年龄组	自称见过鬼		合 计
	肯定	否定	
18~29 岁	212	1 313	1 525
30 岁以上	465	3 912	4 377
合 计	677	5 225	5 902

a) 算出以下各个数据:

① 年轻的人中见过鬼的人的百分比;

② 年长的人中见过鬼的人的比例;

③ 年轻的人中见过鬼的人的概率;

④ 年长的人中见过鬼的人和未见过鬼的人优势比.

b) 两个组成员见过鬼的增长风险是多少？请将你的答案用一两行文字加以说明，使没有受过统计知识训练的人也能明白.

c) 计算表中数据的 χ^2 统计量. 对于年龄和自称见过鬼之间的关系，你可以做何结论？

4. 有人对 1990 年洛杉矶地区住房贷款申请获准率和申请人的种族进行了调查. 在 4 096 个黑人申请人中间，有 3 117 个人获得批准；在 84 947 个白人中，获批准的是 71 950 个.

a) 列出上述数据的列联表；

b) 计算每种肤色人群中贷款成功者的比例；

c) 计算上述两个比例之比，这个比值称作相对风险合适，还是称作选择比更合适？

d) 解释这个数据有没有超过案例 11.2 提及的判断标准.

5. 第 4 题数据的 χ^2 统计量约等于 220，很明显，获准率差别是统计显著的. 现在假设随机选取 890 名申请人作为样本(相当于上述调查的 1%)，其中的种族分布、获准率等情况则不变，也就是 40 名黑人中有 30 名获准，850 名白人中有 720 名获准.

a) 根据上述数据构造列联表.

b) 计算列联表的 χ^2 统计量.

c) 根据 b)的结果，得出结论. 这个结论和根据所有数据所得出的结论之间是否存在矛盾？讨论这类问题中这种矛盾所蕴含的意义.

第十二章　概率——可能性大小

问题

- 以下两种关于概率的问题:

  a) 如果你扔硬币时希望结果是均等的,那么硬币着地的时候,正面朝上的可能性有多大?

  b) 假设你已经拥有一套住房,那么 5 年内拥有另一套住房的可能性是多少?

  哪个问题更容易有准确的答案?为什么?

- 下列叙述中,哪个更加完整地阐述了"投掷硬币时正面朝上的概率为 1/2"?

  a) 投掷次数越多,正面朝上的次数占总投掷次数之比越来越接近 1/2.

  b) 正面朝上的次数总是在总数的 1/2 左右.

- 解释"某人最终拥有自己的住房的可能性为 70%"这句话的真正含义.

- 有一位学生这样回答第一个问题:"因为要么我有了房子,要么就没有,所以我最终拥有自己住房的概率为 1/2,其他任何特定事件发生的概率也一样."解释这种回答错在哪里.

§12.1　概　率

"概率"一词在人们的日常生活中频频出现,在不同的情形下,它们代表的含义是不同的,但是人们一般不会去考虑其含义究竟是什么. 例如,"买一张奖券就能获奖的概率"和"某人一生中购买住房的概率"的含义是不同的,前者所说的概率是将机会定量化,而后者所说的概率则是人们根据自己的观点对未来生活演变所做出的估计,它们当中的差别直接导致对于"概率"的两种不同的解释. 需要指出的是,中文往往采用"可能性"来表达"概率"的第二种含义,这样引起的误会就比较少.

§12.2　概率的相对频率解释

如果某个事件可以被反复观察并确认是否发生,那么这个事件发生的概率适合采用**相对频率解释**(relative-frequency interpretation).例如,我们可以重复投掷硬币,记录其正、反两面朝上的次数,在长时间中正面朝上的相对频率就自然作为投一次硬币正面朝上的概率.以下情况也适用相对频率:

　　a) 每周买一次彩票,观察是否中奖;

　　b) 在每天上班必经的某个路口上,观察是否遇上红灯;

　　c) 对总体中的每个人进行测试,观察是否带有某种疾病的基因;

　　d) 记录新生儿的性别.

　　一样地,对于和上述情况相似的其他问题,我们可以定义某个指定结果发生的概率为该结果在长期观察中所出现的次数与总观察次数之比,也称为该结果的**相对频率**.

　　需要指出的是,上述定义的前提是长时间内发生的次数.我们不能把寥寥数次观察结果作为计算概率的依据.例如,如果我们发现在一个家庭的 5 个孩子中,只有 1 个是男孩,则不能据此算出生男孩的概率为 1/5.另一方面,如果我们观察了几千名新生儿,发现每 5 个孩子中只有 1 个是男孩,那么我们有理由推断生男孩的概率为 1/5.

　　事实上,根据美国的统计数据,新生男婴的长期相对频率为 0.512,也就是说每出生 512 个男婴,差不多会同时出生 488 个女婴.

　　表 12.1 列举了在某医院一年内男婴出生情况的观察数据.我们可以发现,新生男婴的相对频率(比例)开始呈现上下抖动的态势,但逐渐从上方趋于 0.51.如果我们直接根据一周的记录来估计真实的比例,数据的偏差就非常严重了.

表 12.1　男性出生相对频率

观察周数	1	4	12	24	36	52
男婴数	12	47	160	310	450	618
婴儿数	30	100	300	590	880	1 200
男婴比	0.400	0.470	0.533	0.525	0.511	0.515

1. 相对频率计算方法

（1）假设法

对现实世界进行某种假设,根据这个假设来计算某种结果发生的概率. 例如, 我们一般假设硬币的投掷过程可以保证硬币着地时正反两面向上的概率是相同 的. 这样,我们就可以推断投掷硬币时,正面向上的概率等于 1/2.

再比如,假设博彩游戏的抽奖方法可以保证每个号码被抽取的机会相同,这样 我们就可以算出中奖的概率. 美国各州都推出一种简单的博彩游戏,其规则为:抽 取 3 个 0~9 之间的数字,构成一个三位数,共有 1 000 种组合. 如果抽取中奖号码 的方法是公平的,那么这 1 000 种组合中的每一种组合被抽取的概率相同,所以, 每一种组合中奖的概率为 1/1 000. 也就是说,如果只抽一次,每组号码中奖的机会 是很低的;如果长期坚持下去,一组号码每抽 1 000 次会有一次中奖的可能. 需要 指出的是:这么说并不意味着每组号码每 1 000 次抽奖就一定会中奖一次.

一般地,如果 N 种不同结果发生的可能性相等,那么每种结果发生的相对频 率等于 $\dfrac{1}{N}$.

（2）观察法

我们计算男婴出生的相对频率采用了观察法,这种方法可以得到非常精确的 新生男婴的概率数值. 在美国,男性出生的相对频率基本接近于 0.512. 例如,在 1987 年出生后存活的 3 809 394 个婴儿中,有 1 951 153 个是男婴,那么存活婴儿为 男婴的概率为 1 951 153/3 809 394 ≈ 0.512 2.

一般地,我们可以经过反复观察,将事件发生的次数除以总观察的次数所得到 的商作为事件的概率.

对于那些基于随机抽样所得到的相对频率数据,从理论上讲,应该同时指出其 误差范围,但实际上往往会缺失这一点,而一般的非专业人士也不会关心这个误差 范围,这样就会导致对数据理解的误差.

2. 关于概率相对频率解释的说明

a) 概率的相对频率解释适用于可重复出现的情形,这种重复应该是可以实现的,至少是在想象中可以实现的.

b) 在适合相对频率解释的情形下,某一结果的相对频率随着重复次数不断增加而趋近于一个常数,这个常数就可以定义为该结果出现的概率.

c) 如果某个结果的出现影响了它下次出现的可能,或者当次结果是否出现受到它下次出现情况的影响,也就是说结果在每次重复中出现的概率不相等,那么采用相对频率解释是不合适的.

d) 概率不能帮你决定在单一情况下某个结果是否发生,但是可以预测结果在长时期内出现的次数.

e) 概率为 $\frac{1}{N}$ 不等于在 N 次实验中,事件必定会发生一次.

相对频率概率在日常生活中是一个相当有用的决策工具.例如,你坐飞机去某地旅行,有两个航班可供选择,旅行社告诉你其中一个航班的准点概率为 0.9,另一个为 0.7,其他条件都一样.尽管无法预测你乘坐的航班是否一定会准点,但是你总是会选择前面一个航班,因为这个航班在长期飞行中的准点率更高.

§12.3 概率解释二:主观概率

相对频率解释的前提是事件可重复,但并不是所有的事件都是可重复的,有的事件只出现一次,以后即使给出了同样的条件,它也不会再发生.例如:

a) 某学生所学"微积分"和"统计"两门课,哪一门考试成绩更好?

b) 电影公司拍摄了一部期望引起轰动的新片,这部新片是排在春节档上映和其他电影争夺观众,还是排在其他档期上映以使票房收入有可能居前?

c) 和一个国家建立新的贸易伙伴关系是否会影响与其他国家的关系?

上述情况都只出现一次,不可能重复.我们可以根据自己的知识和经验,以及对未来变化的预测,计算每种事件发生的概率.这些概率有助于我们的决策.

1. 主观概率

我们把**主观概率**(personal-probability)定义为由个人认定的某个事件发生可

能性的大小. 主观概率要满足一些要求,比如:它们的值必须在 0 和 1 之间(百分位数形式为 0~100%);不同事件的主观概率不能相互矛盾(这种要求称为一致性要求). 举例来说,如果你认为周末在市中心找到停车位的概率为 0.2,那么在满足一致性要求的前提下,你认为周末在市中心找不到停车位的概率只能是 0.8.

2. 主观概率的用途

人们每天都在基于主观概率进行决策,这导致集体决策往往难以实行. 假设某单位录用某个岗位的员工需要经过专门的委员会决定,委员会的每个成员对每个候选人都有自己的判断,因此对"某个特定的候选人是否满足岗位要求"会有不同的意见,这样就不会轻易达成某种决定. 判定某人是否犯罪也是如此. 集体决策的好处在于使参与决策的成员在某个事件的主观概率方面形成一定的共识.

某个事件的主观概率经常需要类似事件的相对频率作为参考. 例如,天文学家判定某一颗小行星撞击地球的概率只能是一种主观概率,这里除了依靠他的专业知识以外,还需要结合过去出现的类似小行星的情况. 气象预报员每天依据自己的主观概率发布天气预报,其中包括各个地区的下雨概率,这些概率既来自他个人的气象知识,也结合了历史上相似情形发生的情况.

§12.4　如何验证专家的主观概率

专业人士经常运用主观概率帮助他人进行决策. 例如,医生根据患者的症状判定其得某种疾病的可能性,大多数患者在手术前都会接受手术后好转概率的评估.

1. 运用相对频率验证专家的主观概率

作为消费者,我们也许想知道医生、气象预报员等专业人士提供的概率数据的准确度有多少,这还得回到概率的相对频率上面来. 比如,我们可以在每天晚上收听某个预报员的天气预报,记录明天下雨的概率,到了第二天,把是否下雨也记录下来. 如果该预报员的预报完全正确,那么在预报下雨概率为 30% 的所有日子里,有 30％的日子确实下了雨.

2. 气象预报员和医生

假设我们分别研究了气象预报员和医生诊断的准确性,有关数据如图 12.1 所示.从图中可以看出,天气预报在低端的准确性相当好,但是在高端(也就是预报几乎肯定下雨)出现了一定的偏差,其中在预报肯定下雨的天气中,真正下雨的天气不到 90％.尽管如此,天气预报的精度还是比较高的,我们确实能够把它作为安排明天工作的依据.

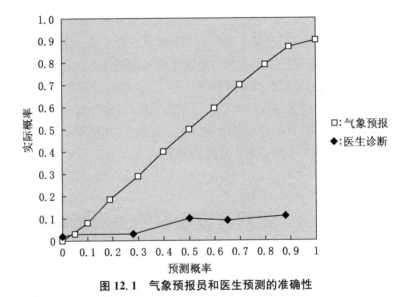

图 12.1　气象预报员和医生预测的准确性

而医生的诊断则逊色许多,即使医生认为某人患病的可能性几乎接近 90％,但实际得病的情况只有 10％.所以,在医生告诉你发病概率的时候,应该了解一下这是他个人的主观概率,还是基于和你的情况类似的众多患者的数据得出的结论.如果此概率等于 1/2,那么你更需要特别注意,因为当无法判定某个事件发生的实际概率时,人们往往会以 50％来充数,这是因为他们误以为只有两种情况:发生或者不发生,那么每种情况发生的可能性各占一半.

§12.5 概 率 规 则

我们已经指出,事件发生的概率在 0 和 1 之间,下面给出另外 4 个规则.

a) 规则 1:如果某个不定事件只有两种结果,那么这两种结果发生的概率和一定等于 1.

规则 1 用公式表示即为

$$P(A) + P(A^c) = 1, \qquad (12.1)$$

或者

$$P(A^c) = 1 - P(A). \qquad (12.2)$$

例如,统计结果表明,在美国,飞机航班行李无法准时到达的可能性为 1/176,这意味着在飞机航程结束时,提取行李的可能性为 175/176.

又如,如果一个人一生中购房的概率为 70%,那么他不拥有自己住房的可能性为 30%.

b) 规则 2:两个不相容结果(不可能同时发生的两种结果)中至少有一个发生的概率等于它们各自发生概率的和.

规则 2 用公式表示,即为

如果 A, B 不相容,则 $P(A$ 或 $B) = P(A) + P(B)$. $\qquad (12.3)$

例如,你的"统计"课考试成绩为 A 的可能性为 50%,为 B 的可能性为 30%,那么你得 A 或 B 的可能性为 80%.

又如,在美国,心脏病和癌症是导致死亡的两种最主要的原因,其中,死于心脏病的人近 1/3,死于癌症的人则为 1/5. 所以,如果从死者中随机选取一个,其死于心脏病或者癌症的可能性为 $1/3 + 1/5 \approx 53\%$. 需要指出的是,这是基于 1994 年的统计数据,现在情况可能会有不同. 同时,我们这里还假设一个人不会因两种疾病而死亡,也就是说死因是不相容的,这在医学中是可以保证的,因为死亡证明一般只列出导致死亡的主要原因.

再如,你"统计"课成绩为 A 的可能性为 50%,"历史"课得 A 的可能性为

60%,那么"成绩当中有 A"的概率是不是 50%＋60%＝110%? 显然不是,因为概率不会大于 100%. 其中的问题在于:规则 2 明确要求两个事件不能同时发生,而你有可能两门课都得 A,所以规则 2 不适用,但有兴趣的读者可以发现,在上述公式中减去两个事件同时发生的概率,结果就正确了.

　　c) 规则 3:如果两个事件中一个的发生不影响另一个发生,则称这两个事件是相互独立的. 两种事件同时发生的概率等于这两个事件各自发生概率的乘积.

　　规则 3 用公式表示即为

　　如果 A, B 相互独立,则 $P(A$ 和 $B)=P(A)P(B)$.　　　　　　　　　(12.4)

　　例如,如果一对夫妻有两个孩子,第二个孩子的性别与第一个孩子的性别相互独立,已知新生儿中男孩的比例为 0.512,那么这对夫妻连生两个男孩的可能性为 $0.512×0.512≈0.2621$.

　　又如,你在上班路上遇到雨天的可能性为 30%,没能赶上班车的可能性为 50%,两者又是无关的,那么你上班时遇到下雨天又没能赶上班车的可能性为 15%.

　　再如,回到上述考试成绩问题,假设两门课的成绩相互独立,那么都得 A 的可能性为 $0.5×0.6=0.3$, 这样,至少有一个 A 的概率为 $0.5+0.6-0.3=0.8$. 进一步,得不到 A 的概率为 20%.

　　d) 规则 4:如果事件 A 是事件 B 的子集,那么 A 发生的概率不会超过 B 发生的概率.

　　规则 4 用公式表示即为

　　如果 $A⊂B$,则 $P(A)≤P(B)$.　　　　　　　　　　　　　　　　(12.5)

　　例如,假设 18 岁的你正在规划自己的人生,如果你认为自己将来结婚生子的可能性为 75%,那么,根据规则 4,你未来结婚的可能性不会小于 75%. 因为既结婚又生子的人是所有结婚人中的子集.

案例 12.1　死亡日期和出生日期有关吗?

　　一个人的死亡日期是随机的还是和他一生中的一个重要事件有关? 已有的研究表明,死亡日期和节日或者特殊纪念日有关. 而美国圣地亚哥的社会学家戴维·菲利浦和他的同事们则把研究重点放在和出生日期的关系上,想对此给出一种回答.

　　研究人员核对了 1969—1990 年间加利福尼亚州的所有死亡证明,因为在

1978 年之前的资料不全,我们这里只介绍 1979—1990 年的部分. 研究对象的年龄大于 18 岁,自然死亡(不考虑手术所导致的死亡,因为手术日期中包含了人为的因素). 同样,也不考虑在 2 月 29 日死亡的人,因为在这一天出生的人不多.

由于出生和死亡日期中存在着季节性的因素,研究人员也对数据做了相应的调整. 研究人员算出在出生日期和死亡日期相互独立的条件下,一年中每一天可能死亡的人数. 然后,将死亡日期与出生日期间隔的天数折算成周数,并按 0～51 周分成 52 类,比如,死亡时间在出生日期以后 0～6 天的归入 0 周这一类,7～13 天算 1 周类,如此重复,那么 51 周类中的死亡日期在出生日的前一周内.

最后,研究人员把每周实际死亡人数和根据季节调整过的这一周内死亡人数的期望值进行比较,发现 0 周类内的女性死者最多,51 周类内男性死者最多. 也就是说,女性在其出生日后一周内死亡的最多,男性在其出生日前一周内死亡的最多. 当然,发现这种现象可能是一种巧合,问题是,出现这种巧合的概率是多少? 我们不妨假设死亡日和出生日无关,那么 52 类中的每一类都有可能是人数最多的,这样出现上述情况的概率为 $(1/52) \times (1/52) \approx 0.0004$.

这种非经常事件的出现是很偶然的. 但是,研究报告同时还列举了其他的事实. 例如,将女性按年龄、种族、死亡原因分组后,仍然发现存在上述现象,甚至将 1969—1977 年的数据加入后,也发现了上述现象. 所以报告认为,说死亡日期和出生日期完全无关也是缺乏根据的.

练　习

1. "我今年冬天患感冒的可能性是 30%"这句话中的概率是相对频率还是主观概率? 请解释.

2. 假设每年冬天成年人中有约 30% 的人会患感冒,那么"从成年人中间随机抽出一个人,他在今年冬天患感冒的可能性为 30%". 这句话中的概率是相对频率还是主观概率? 请解释.

3. 下列叙述中存在错误,请解释错在何处:

a) 任选一个司机,他系安全带的概率为 0.75,而他不系安全带的概率为 0.35;

b) 任选一辆车,该车为红色的概率为 1.2;

c) 任选一辆车,该车为红色的概率为 0.2,而该车为红色越野车的概率为 0.25.

4. 根据 1990 年的统计数据,随机抽取一个儿童,只和母亲生活的可能性为 0.216,只和父亲生活的可能性为 0.031. 那么,该儿童属于单亲家庭的可能性是多少?

5. 你想知道从你所在城市的电话簿中随机抽取一个人后,他(她)和你同名的可能性.

a) 假设你有足够的时间和精力,你打算如何来确定这个概率.

b) 使用这种方法得到的概率属于相对频率还是主观概率? 请解释.

6. 如果一周中的任意一天里收到一封有趣的邮件的概率为 1/10,那么从周一到周五,至少收到一封有趣的邮件的概率是 5/10 吗? 为什么?

7. 根据独立事件的定义,判断并解释下述各对事件是否独立:

a) 已婚夫妇前往投票亭投票. A 事件:丈夫选共和党候选人;B 事件:妻子选共和党候选人.

b) A 事件:明天将下雪;B 事件:明天的最高温度至少为 20℃.

c) 你两次购买的彩票号码相同. A 事件:第一次中奖;B 事件:第二次中奖.

d) A 事件:下个月地球上将会发生一次大地震;B 事件:在一个月内道琼斯工业指数将高于目前.

第十三章　期望：对不确定结果的预判

问题

- 为什么买汽车险时，年轻人要比老年人多花钱，可是买人寿险时却正好相反？
- 如果你可以在以下 A 和 B、C 和 D 中各选一个，你会选哪一个？请解释：
  - A. 无偿赠送价值 240 元的礼物
  - B. 有 25％的机会获得 1000 元奖励，75％的机会一无所获
  - C. 肯定会输掉 740 元
  - D. 有 75％的可能性输掉 1000 元，有 25％的可能性不会输
- 如果你参加某次有奖竞赛，获得 500 元的可能性是 1％，有 99％的可能性将一无所获。规定只有买票才能参加，问：你准备花多少钱去买一张票？请解释。

§13.1　概率的相对频率解释

通过上一章学习，我们已经知道：某些事件的概率可以理解为它们发生的相对频率。计算相对频率是一个长期的过程，因为需要导致这些事件发生的情况多次出现。如果事件观察次数较少，相对频率的准确性就要打折扣。

本章你将看到，我们利用事件反复出现的相对频率来对短期和长期的结果进行预测，并将这种方法应用于常见的需要决策的情形。

§13.2　何时梦想成真

在生活中常有这样的情景，为了使自己希望的结果能最终出现，一些人会

坚持不懈地重复自己的行为. 例如,一对夫妻会一连生几个孩子,直到他们想要的男孩(或者女孩)出生;虔诚的彩民为了中奖,可以重复投注同一号码的彩票.

如果知道某种结果在一次执行中发生的概率,那么,根据概率规则,我们可以判定重复执行两次、三次,乃至任意次以后,该结果发生的概率. 前提是:每次重复执行后出现指定结果的概率不变并且相互独立.

我们假设结果发生的概率等于 p,p 也就是结果在第一次执行时出现的概率,那么根据第十二章中的规则 1,它不发生的概率等于 $1-p$. 如果结果在第二次执行时发生,那么这就意味着第一次没有出现,第二次出现了. 因为结果是否出现是相互独立的且出现的概率不变,根据第十二章中的规则 3,则第二次执行出现的概率等于 $(1-p)p$. 如此推理下去,当结果在执行到第 n 次以后终于出现,意味着前 $n-1$ 次均告失败,出现这种情况的概率为 $(1-p)^{n-1}p$.

例 30　生男生女.

某对夫妻为了生女儿,不断地生孩子. 我们已经知道生男孩的概率为 0.51,所以生女孩的概率等于 0.49. 根据上述公式,我们可以得到表 13.1.

表 13.1　重复生育生出第一个女儿的概率

生育次数	生女孩概率
1	0.49
2	$0.51 \times 0.49 = 0.2499$
3	$0.51 \times 0.51 \times 0.49 \approx 0.1274$
5	$0.51 \times 0.51 \times 0.51 \times 0.51 \times 0.49 \approx 0.0331$
7	$0.51 \times 0.51 \times 0.51 \times 0.51 \times 0.51 \times 0.51 \times 0.49 = 0.0086$

例 31　感染 HIV 病毒的概率.

有学者指出:在某个地区,如果你不知道自己的性伴侣是否感染 HIV 病毒,那么在不采取安全措施的情况下,由于一次异性间的性行为而感染 HIV 病毒的概率在 1/500 到 1/500 000 之间. 这里我们不妨取较大的那个值:1/500＝0.002,这样,在一次性行为以后,未被感染的概率为 0.998,看起来还是比较安全的. 但是,如果有多个性伴侣,被感染的危险就会上升. 根据概率规则,我们将有关计算结果列在表 13.2 中.

表 13.2　没有保护措施的情况下感染 HIV 病毒的概率

性伴侣个数	一次感染概率	累计概率
1	0.002	0.002
2	$0.998 \times 0.002 = 0.001\,996$	0.003\,996
4	$0.998^3 \times 0.002 \approx 0.001\,988$	0.007\,976
10	$0.998^9 \times 0.002 \approx 0.001\,964$	0.019\,821

和例 30 一样，这里我们假设每次性接触感染 HIV 病毒的概率固定并且相互独立. 和例 30 不同的是，这里我们并不关心是在和第几个性伴侣发生性行为时感染了 HIV 病毒，主要关心的是感染的概率和性伴侣个数的关系，所以在表 13.2 中还列举了感染 HIV 病毒的累积概率. 从此表中可以看到，有一个性伴侣的感染概率只有 0.002，而当性伴侣达到 10 个的时候，累计概率上升到近 0.02，也就是说，如果有 50 个人的性伴侣个数达到 10 个，那么其中就可能有一个人会感染 HIV 病毒. 专家同时指出，如果采取了安全措施，那么一次性行为导致感染 HIV 病毒的概率在五千分之一到五百万分之一之间，取其中的最大值 1/5\,000，当性伴侣个数达到 10 个的时候，累计感染概率为 1/509，约 0.002.

例 32　彩票中奖的概率.

有一种彩票游戏要求投注者选取 6 个 1～51 以内的数，开奖时也抽出 6 个数，两者中有 3 个数一致就算中奖，奖金为 5 元. 每张奖券的背面提示中奖率为 1/60. 那么，为了中一次奖，不管奖金多少，需要下多少次注呢? 请看表 13.3.

表 13.3　获奖概率

下注次数	首次中奖概率	累计中奖概率
1	$1/60 \approx 0.016\,7$	0.016\,7
2	$(59/60) \times (1/60) \approx 0.016\,4$	0.033\,1
5	$(59/50)^4 \times (1/60) \approx 0.015\,6$	0.080\,6
10	$(59/60)^9 \times (1/60) \approx 0.014\,3$	0.154\,7
20	$(59/60)^{19} \times (1/60) \approx 0.012\,1$	0.285\,5

这种游戏花钱不多，每次只需 1 元，但是奖金额度也只有 5 元. 这样，即使每投 5 次就中一次奖，最多只是不赢不输. 问题是从表中数据可以看到，连投 5 次就中奖的概率不到 10%，即使连投 20 次，中奖概率也只有 28.55%，不到 30%.

§13.3 长期输赢是可以预期的

虽然我们无法预测某次随机事件一次执行的结果,但是利用各种结果经长期执行所得的相对频率,可以帮助我们成功地预测该事件长期的结果.对随机事件长期结果的准确预期是博彩公司、赌场、保险公司赖以生存的命根子,它们可以据此判定所得收入中有多少要用于支付给客户,多少是自己的盈利.

例 33 保险公司的盈利模式.

一家保险公司有几千个客户,每个客户每年付 500 元保费.公司知道每年约有 10% 的客户申请理赔,理赔金额为 1 500 元.问保险公司从中有多少赚头?

请注意,这里存在两种可能:一种可能是客户没有提出赔偿要求,这种可能发生的概率为 0.9,这样,客户的 500 元保费就归保险公司所得;另一种可能是客户提出了赔偿要求,这种可能发生的概率为 0.1,这时,客户不光要回自己的 500 元保费,保险公司还将"赔上"1 000 元,这种情况下公司的所得就是 $-1\,000$ 元.我们即可得出表 13.4 所示数据.

表 13.4 保险公司对每一笔保费(500 元)的收益

理赔否	概率	所得
是	0.1	$-1\,000$
否	0.9	$+500$

公司从每个客户身上平均可以得到多少? 根据数据可知,公司在 90% 客户身上赚了 500 元,还有 10% 客户则赔了 1 000 元,那么保险公司从每个客户身上的"平均"所得如下式所示:

$$平均所得 = 0.9 \times 500 - 0.1 \times 1\,000 = 350(元).$$

当然,这样的所得是基于公司有相当多的客户,否则很容易赔钱.比如,如果只有两个客户,那么他们同时提出理赔的概率为 $(1/10) \times (1/10) = 0.01$,客户人数达到一定程度以后,同时提出理赔的概率就会明显下降.当然,如果客户之间存在某种关系,那就另当别论了.

1. 期望值

对某个度量数据在长时间内的平均值,比如保险公司的平均所得等,统计学中用一个专用的术语——**期望值**(expected value)来表示. 这样,某保险公司从每个客户身上得到的 350 元收入也称为公司从一个客户取得的期望值为 350 元.

在一般情况下,我们假设某个随机事件会产生 k 种不同的结果,每种结果对应的数值为 A_1, A_2, $\cdots$, A_k,结果出现的概率分别为 p_1, p_2, $\cdots$, p_k,那么该随机事件的期望值为

$$EV = A_1 \times p_1 + A_2 \times p_2 + \cdots + A_k \times p_k.$$

需要注意的是,期望值不一定是实际发生的值. 以保险公司为例,公司从顾客得到的钱,要么是 500 元,要么是 $-1\,000$ 元,350 元实际上是没有的.

例 34　彩票游戏.

有一种彩票游戏,玩家花 1 元钱就可以从一副牌的 4 种花色中各抽一张牌. 比如某人抽出的 4 张牌分别是:红心 4、梅花 3、方块 10、黑桃 J. 根据这 4 张牌和摇奖产生的 4 张牌的匹配程度,可以获得不同的奖金,具体如表 13.5 所示. 这样,我们就可以算出该彩票的期望值为

$$EV = 4\,999 \times 0.000\,035 + 49 \times 0.001\,68 + 4 \times 0.030\,3 + (-1) \times 0.726$$
$$\approx -0.35(元).$$

表 13.5　彩票中奖概率

匹配张数	奖金(元)	纯收入(元)	概　　率
4	5 000	4 999	$1/13^4 = 1/28\,561 \approx 0.000\,035$
3	50	49	$12 \times 4/13^4 = 48/28\,561 \approx 1/595 \approx 0.001\,68$
2	5	4	$12^2 \times 6/13^4 = 864/28\,561 \approx 1/33 \approx 0.030\,3$
1	1	0	$12^3 \times 4/13^4 = 6\,912/28\,561 \approx 0.242\,0$
0	0	-1	$20\,736/28\,561 \approx 0.726\,0$

这就是说,如果不停地玩这种游戏的话,平均下来每次要输掉 0.35 元. 从彩票发售方的角度来看,每卖出一张彩票,就要拿出 0.65 元用来开奖.

2. 期望值与平均数

如果度量数据取自一大批个体,而不是来自某个时间段上的若干点,那么期望值也可以理解为每个个体的平均值. 例如,假设人群中有 40% 的人每天吸一包香烟(20 支),其余的 60% 的人则不吸烟,那么一个人每天吸烟数的期望值为

$$EV = 20 \times 0.4 + 0 \times 0.6 = 8(支).$$

也就是说,平均每人每天吸烟 8 支.

§13.4　期望值与决策

期望值理论是保险公司和博彩公司赖以生存的依据. 比如,因为青年人比中年人更容易出车祸,老年人则更容易因非事故原因而死亡,所以保险公司车辆保险、人寿保险的费率、赔付金额都是不等的.

如果一个人只想获得最多的金钱,他也会和保险公司一样来对待期望值. 但是,人有七情六欲,有时一个人做一件事并不一定总想着要使存折上数字后面添加若干个 0,他可能需要一些别的刺激. 以例 34 为例,大多数买彩票的人都知道买一张彩票平均会输掉 0.35 元,从赚钱的角度讲肯定是不合算的,但是他们为什么还乐此不疲? 也许抽奖的刺激和中奖的希望会带来一种内在的非金钱的价值,这种价值可以弥补期望中的金钱损失.

社会科学家一直想揭开人类决策之谜,为此也开展了许多研究. 在 20 世纪三四十年代,在早期研究人员中最普遍的理论是:决策是为了使效用最大化. 这里的效用最大可以是但不仅限于金钱数目最大. 因此,在决策前,人们通常对所有可能出现的结果都赋予一定的价值或者效用,然后尝试各种可能的方案,从中找出使期望值最高的一种.

但是,近来有更多的研究表明决策受多种因素的影响,决策过程比较复杂. 有人做过一种实验,这个实验向参加者提供下列选择:

A. 稳获价值 240 元的礼物

B. 有 25% 的可能获得 1 000 元, 75% 可能一无所获

C. 一定会输 740 元

D. 75% 的可能输 1 000 元, 25% 的可能不输 1 分钱

要求他们分别从 A, B 和 C, D 中各选取一项.

结果, 尽管选项 B 的期望值为 250 元, 要高于选项 A 稳获得 240 元, 但如果只能从 A 和 B 中选一项, 大多数人还是希望落袋为安而选择了 A.

相反, 如果只能从 C 和 D 中选一项, 大多数人却志在一搏, 选择了 D, 尽管 D 的期望值为 750 元, 要比 C 多输 10 元. 这说明, 在以上选项中的金额和概率条件下, 人们在为了不冒风险而少赚钱的同时, 也为了少输钱而宁愿冒风险.

选项 C 与选项 D 和生活中是否买保险是相类似的. 保费相当于肯定会输掉的钱, 选项 D 则代表了人们对于遭遇火灾、盗窃、车祸等意外事故可能性所存在的一种侥幸心理. 但是, 为什么生活中人们明知道保费是要不回来的, 却愿意购买保险, 而实验中大多数人却选择了 D? 这是因为人们往往会过高地估计小概率事件发生的概率, 保单承诺可以赔偿的损失在实际中发生的概率往往比较小, 却是人们所担心的.

再请看另一个实验, 也是 4 个选项:

A. 有千分之一的可能会赢 5 000 元

B. 稳赢 5 元

C. 有千分之一的可能会输 5 000 元

D. 稳输 5 元

结果, 从 A, B 中选一项的话, 有 3/4 的人选择 A. 这种情况和买彩票比较相似, 也就是说人们情愿花 5 元钱买一张彩票(相当于放弃稳赢 5 元钱的机会)来博取赚大钱的机会. 而在 C 和 D 中二选一的话, 则有近 80% 的人选择 D, 这正中了保险公司的下怀.

当然, 输赢金额的差距对人的选择也起到了十分重要的作用. 对有些人来讲, 5 元钱的损失是可以承受的, 但损失 5 000 元的风险就几近破产了. 我们在下一章还将继续探讨其他心理因素对于决策的影响, 将会发现其中主观概率尤为重要, 市场营销部门和销售人员就利用这一点来说服你做出对他们有利的决定.

案例 14.1 体育博彩公司赚钱之道.

体育博彩在世界上是一个蕴含巨大商机的行业. 体育博彩的玩法是这样的: 庄

家为所有可能的结果(这里就是冠军获得者)设定了赔率. 比如,在 1990 年英国高尔夫公开赛中,庄家为杰克·尼克劳斯设置的赔率是 50∶1,如果你在尼克劳斯身上押 1 个英镑,并且他最终得了冠军,那么除了退回 1 英镑,你还能得到 50 英镑(当然还要扣除手续费,这里暂且不计). 所以,结果就是赚 50 英镑或者输 1 英镑.

那么博彩公司的赚钱之道在哪里? 我们不妨看一下学者对一家全英国最大的博彩公司对 1990 年英国高尔夫公开赛冠军赔率的研究结果. 这次比赛共有 156 位选手参加,博彩公司从中选取了 40 位有可能获得冠军的选手作为竞猜对象,表 13.6 列举了其中前 13 位选手的赔率和获胜的概率.

表 13.6　1990 年英国高尔夫公开赛夺冠热门选手胜率表

序号	选　　手	赔　　率	概　　率
1	尼克·佛度	6∶1	0.1429
2	格雷格·诺曼	9∶1	0.1000
3	奥拉查宝	14∶1	0.0667
4	柯蒂斯·斯特兰奇	14∶1	0.0667
5	伊恩·伍斯南	14∶1	0.0667
6	塞维·巴列斯特罗斯	16∶1	0.0588
7	马克·卡卡维查	16∶1	0.0588
8	佩恩·斯图尔特	16∶1	0.0588
9	伯恩翰德·兰格	22∶1	0.0435
10	保罗·阿辛格	28∶1	0.0345
11	罗南·拉弗蒂	33∶1	0.0294
12	弗雷德·卡波斯	33∶1	0.0294
13	马克·麦克纳尔蒂	33∶1	0.0294

表 13.6 中的获胜概率是怎样算出来的? 我们以尼克·佛度为例. 如果在他身上下注,赔率为 6∶1,那么赢了可以赚 6 英镑,输了则赚 -1 英镑. 设赢的概率为 p,则输的概率就是 $1-p$,那么他的期望值为

$$EV = 6 \times p + (-1) \times (1-p) = 7 \times p - 1.$$

假设博彩公司希望在佛度身上不赢不赚,那么,期望值 EV 为零,因此可知 $p = 1/7 \approx 0.1429$. 一般地,如果某选手的赔率为 $n∶1$,那么其获胜概率为 $\dfrac{1}{n+1}$. 因为公司和玩家双方是公平的,也就是说双方的期望值都是 0,所以按此算出的所有选手的获胜概率之和应该等于 1.

表 13.6 中前 13 名选手获胜的概率和为 0.785 6,这从表面上看是合理的,但是如果把参加竞猜的 40 名选手的夺冠概率相加,结果竟然是 1.27,大于 1!

可想而知,博彩公司除了赚取"手续费"以外,通过赔率的设置也能赚上一笔. 当然,博彩公司究竟能赚多少还要取决于每名选手真实的夺冠概率以及竞猜者在每个人身上投注的金额. 需要说明的是,博彩公司的期望值为正数并不保证它每次都是赢家. 比如,佛度最终在那次比赛中夺冠,如果所有的人都在他身上下了注,那么除了归还 1 英镑赌注外,还要奉送每人 6 英镑,公司输定了! 所以,一般而言,投注的人越多、投注对象越分散对庄家越有利.

练 习

1. 假设你准备申请一门热门课程,成功的概率只有 0.8.

a) 你第二次申请才批准的概率是多少?

b) 两次中至少有一次成功的概率是多少?

c) 两次申请都未成功的概率是多少?

2. 假设你每天要检查自动售货机的退币口,看看里面有没有硬币,每次检查发现硬币的可能性是 10%.

a) 检查时没有发现硬币的概率是多少?

b) 第三次检查才发现硬币的概率是多少?

c) 在 3 次检查中发现硬币的概率是多少?

3. 生男孩的概率是 0.51,你和一个好朋友打赌,每生一个女孩,你赢 1 元钱,反之则输 1 元钱. 因此,你每天通过电话了解当地医院在前一天生了多少男孩和女孩.

a) 假设某一天有 3 个孩子出生,你输 3 元钱和你朋友输 3 元钱的概率分别是多少?

b) 每生一个孩子你所得的期望值是多少?

c) 根据 b)的结果,出生 1 000 个婴儿以后,你可以赚多少?

4. 在夏末大减价的时候,一家商店的卫生洁具以 5 折出售,另一家商店则以"买一送二"吸引顾客. 假设两家商店的洁具原价相同,哪家商店的价格更吸引人? 请解释.

5. 你先猜一猜:5 个人中间,有人和你的出生月份相同的概率是多少? 假设任何一个人的出生月份和你的出生月份相同的概率是 1/12,下面请你制作一张表,写出你访问的第几个人以及这个人正好是第一个和你出生月份相同的概率,访问者最多有 5 个人. 据此,你可以算出 5 个人中间有一个和你的出生月份相同的概率. 再核对你的猜想和计算结果之间有多少误差.

6. 你或者你的亲戚朋友每年都为自己的汽车购买保险,假设保险条款规定:保险公司赔付的钱要比你付的保费多 5 000 元.在这种情况下,如果你和保险公司之间相互打平,那么汽车出事故的概率大概会是多少? 这个概率可以精确表示你的爱车每年出事故的可能性吗? 请解释.

7. 有学者指出,人在一年中被闪电击中的概率为 1/685 000,假设这个数字保持不变,而且今年不被击中不能保证明年就会被击中,反之亦然.

a) 假设一个人能活 70 岁,那么,他一生中从未被雷电击中的概率是多少(只需写出计算公式,不需要计算结果)?

b) 专家同时指出,人的一生(假设能活 70 年)中被雷电击中的概率是 1/9 100. 请证明这个概率和 a)中概率的关系.

c) 以上两种概率是否和你有特别的联系? 请解释.

第十四章　心理作用对主观概率的影响

问题

- 1993 年有人进行了一项实验,要求参加者在以下两种事件中,选择在 10 年以内最可能发生的一种:

  a) 美国和俄罗斯之间爆发一场全面的核战争.

  b) 美国和俄罗斯之间爆发一场全面的核战争,开始双方都不想使用核武器,但因为伊拉克、利比亚、以色列和巴基斯坦等国中的一个国家使用了核武器而被卷入了这场战争.

  你先凭直觉做一次选择,然后根据本书第十二章中的概率规则决定哪个事件发生的概率会更大一些.

- 在美国,你认为死于自杀的人多一些还是死于糖尿病的人多一些? 请给出解释.

- 如果花同样的钱,一种方案可以把风险从 95% 降低到 90%,另一种方案可以把风险从 5% 降低到 0,你认为人们会选择哪一种? 请根据本书第十三章的内容进行解释.

- 在某个大学生联谊会中,一年级、二年级的学生占 30%,三年级、四年级的学生占 70%. 某学生是联谊会成员之一,他学习勤奋,受到其他会员的喜爱,毕业时可能会非常成功. 那么该生是低年级学生的可能性多一些还是高年级学生的可能性多一些? 你用什么办法来判定?

§14.1　再谈主观概率

在第十三章中我们已经了解到,人们并不总是以使金钱期望值的最大化作为自己的行动目标,否则他们就不会去买彩票和保险. 我们也讨论过一些有关的研究,这些研究表明,人们冒险的程度除了取决于他们能够承受的输赢金额的大小以外,还取决于问题的表达方式.

我们在上一章还假定各种结果出现的概率要么已知,要么可以通过概率的相对频率的解释来加以计算.但是,在不可重复观察或者无法根据物理假设来计算相对频率的情况下,人们所做的决策则要凭主观概率.主观概率是人们根据自己对事物发生可能性的判断所给出的一种值,这也就说明主观概率不会存在一个公认的正确值,但它同样必须满足第十二章所列的各种概率规则,否则由此得出的决策就会自相矛盾.比如,如果你在认为自己某个岁数以前就死于车祸的可能性很高的同时,又认为自己很有可能活到 100 岁,那么你在自己健康长寿的问题上就自相矛盾了.

本章我们将用一些研究结果来说明主观概率是如何在心理因素的影响下出现不协调或者不相容的结果,我们还将看到在某些情况下,人们依据相对频率解释所给出的主观概率被证明是错误的.人们每天都需要对风险和所得进行决策,我们希望通过介绍这些可能会带来错误决策的影响因素,帮助大家在今后的生活中做出更明智和现实的判断.

§14.2　等价的概率,不同的决策

1. 确定性效应

假定你在买新车时,销售人员向你推荐两种价值都是 200 元的安全装置,一种装置可以将高速公路上发生事故时的死亡率从 50% 降到 45%;另一种装置则可以将死亡率从 5% 降到 0.你会买哪一种装置? 虽然这两种装置都可以使死亡率下降 5 个百分点,但是研究表明:在风险下降幅度相同的情况下,人们更愿意购买可以使风险降到零的产品.这种现象称为**确定性效应**(certainty effect).

例 35　不确定保险.

有人以推销"不确定保险"的名义做过一次调查,这种保险产品的价格较一般产品要便宜一半,同时获得赔偿的可能性也只有 50%.尽管这种产品的期望收益和一般的保险产品是相同的,但大多数(约 80%)被调查的人对此不感兴趣,因为万一出了事故,无法肯定能获得赔付.

2. 伪确定性效应

在市场营销中存在一种相类似的情况——**伪确定性效应**（pseudocertainty effect），它指的是人们更愿意接受完全可以避免部分风险的方案，而不愿意接受避免风险的可能不到 100% 的方案.

比如，只要付一定的费用，家用电器和汽车的保修期都可以延长，延长保修期可以有两种方案. 一种方案是：某些（比如 30%）质量问题的维修费用完全由厂家承担，其他问题则由用户负责；另一种方案则是：任何出现的问题获得保修的可能不是 100%（比如只有 30%）. 虽然这两种方案的期望值相同，但是大多数人还是选择第一种方案.

例 36　关于疫苗接种的调查.

有人设计了两种有关疫苗接种的问卷，第一种问卷这样说："某种传染病可能使 20% 的患者得病，接种疫苗可以使传染的可能降低 50%."结果，只有 40% 的被访者愿意接种这种疫苗. 第二种问卷这样说："某种传染病会产生两种变异，它们在人群中的感染率均为 10%，疫苗对其中一种变异能完全免疫，对另一种则毫无效果."结果，有 57% 的被访者自愿接种.

疫苗的免疫能力在两种情况下都能使传染风险从 20% 降为 10%，但大众对它们的反映却存在明显的不同，这恰好证明了伪确定性效应的存在.

§14.3　主观概率会失真

1. 公开程度暗示

有学者以"你认为 1993 年在美国死于糖尿病的人多还是自杀的人多？"为题进行调查，结果大多数被访者的回答是"自杀"，但实际上，前者的比例是十万分之二十一点四，自杀的比例为十万分之九点九.

对于死于自杀人数的曲解是因为媒体对自杀的关注. 心理学家把这种情况称为**公开程度暗示**（availability heuristic），它指的是：人们习惯于根据自己对事件公开情况的了解来判定其发生的概率. 许多事例表明公开程度会影响人们的正确判断. 比如, 在你想买一辆二手车时, 两种信息会对你产生影响: 一种是你的亲戚朋友买了二手车以后觉得不合算而发出的抱怨, 还有一种则是消费者组织根据广大二手车购买者的经验所提出的统计数据. 照理, 后者的数据更权威、更全面, 影响力也更大, 但是因为前者对你来说是轻而易举就能够得到的, 所以对你的判断影响更大的可能是来自你亲友的抱怨. 再比如, 大多数人看到的是: 许多吸烟的人并没有得肺癌, 只有一小部分人知道有人的确因为吸烟而得了肺癌, 所以在你脑子里容易产生健康吸烟者的形象, 因此会认为吸烟不会影响健康.

2. 细节假想

销售员在推销额外的安全装置或者保险时, 会采用**细节假想**(detailed imagination)法, 这种方法可以强化信息的公开程度, 最终导致风险的扭曲. 比如, 销售员为了使你多花 500 元钱购买新车的延长保修期服务, 会让你觉得如果汽车空调出了问题, 修理的费用则比你付的 500 元服务费要贵得多, 但是他们不会告诉你汽车空调在保修延长期内出事故几乎是不可能的.

3. 帮腔

心理学家已经证明: 在你评估风险的时候, 如果有人在一旁帮你出谋划策, 那么你的估计会因他人的意见而产生偏离.

例 37 核战争爆发的可能性.

1985 年 1 月到 1987 年 5 月, 有学者以"美苏爆发核战的可能性"为题进行调查, 采用了帮腔程度高、帮腔程度低和没有帮腔 3 种不同的问卷. 在帮腔程度低的问卷中是这么提问的: "你认为爆发核战可能性大于 1% 还是小于 1%? 请给出你自己的估计."在帮腔程度高的问卷中, 则把 1% 改为 90% 或者 99%, 没有帮腔的则完全由被访者自行估计. 对这几种问卷, 被访者的估计值由小到大依次为: 低帮腔、无帮腔、高帮腔.

研究同时还证明在实际生活中帮腔对决策也有影响, 这种被北方人说成"托儿"、被上海人叫成"敲边模子"的人, 都是在生活中经常会出现的.

例 38   **房屋售价研究.**

有学者在研究物业定价时进行了一次调查. 他向房产中介们提供关于一处物业有 10 页左右的书面材料, 材料对该物业给出了 4 种不同开价, 同时还请他们进行了 20 分钟的现场查访, 在此基础上请他们报价. 书面材料中的开价与房地产中介的平均报价分别如表 14.1 所示.

表 14.1   开价与平均报价

开　价(美元)	119 000	129 900	139 000	149 000
平均报价(美元)	117 745	127 836	128 530	130 981

该物业的实际评估价为 135 000 美元. 但是我们可以发现, 开价和报价的相关程度非常高. 由于代理商所获资料中的开价不同, 导致其报价相差 10 000 多美元, 并且开价与评估价偏离越大, 因此报价差距也越大. 这和帮腔理论是完全一致的.

当对某个事物的描述朝一定的方向发挥到极致的时候, 帮腔效果是最好的. 所以, 理财顾问向你推荐一种投资品种时经常会这样说:"如果你早几年在这个上面做一些投资的话, 那你早就发财了. "这种说法不是空穴来风, 在某一年该品种的确收益颇丰, 但这种情况却好景不长, 最终它的年均收益率还比不上通货膨胀的速度.

4. 详情启发和并发谬论

如果演讲者把某些想象中的事情做了惟妙惟肖的描述, 那么听众就更容易相信这种情况是实际存在的, 这种现象称为**详情启发**(representativeness heuristic). 例如,"被告因为害怕被指控谋杀而逃离犯罪现场"听上去要比"被告逃离犯罪现场"更令人相信. 实际上, 根据概率论的分析, 前者发生的可能性比后者要小.

详情启发有时会导致人们陷入所谓**并发谬论**(conjunction fallacy)的陷阱, 也就是人们更愿意相信有多个事件同时出现的场景. 但是根据概率论, 这些事件单独发生的可能性更高.

例 39   **活跃的银行出纳.**

对于如下描述:"某小姐芳龄 31, 单身, 口才佳, 天资聪颖, 哲学专业毕业, 学生时期关注社会公正和各种歧视现象并参加过反核示威. "问: 该小姐是一位银行出纳的可能性大呢, 还是一位热衷于女权运动的银行出纳的可能性大?

在随机抽取的大学生中有 86% 认为是后者的可能性更大, 因为这更能够代表上述描述.但是,实际上后者只是前者的子集,当然是前者的可能性更大.所以,如果某人为让你相信一件事情而把其中的细节一一加以描述,你应该引起注意.

5. 忽视基本比例

详情启发会导致人们忽视不同结果出现的可能性.比如,在某项调查中,我们告诉被访者"某个群体由 30 名工程师和 70 名律师组成",先问:"从这些人中随机选取一个对象,该对象为工程师的可能性有多大?"被访者回答的平均值和 30%十分接近.然后再说:"其中有一位男士,30 岁,已婚,无孩,才大志高,追求卓越,为同事所喜爱."问:"该男子为工程师的可能性有多大?"结果,回答的中位数接近 50%,这是因为对象的描述并没有涉及工作信息,所以大多数人认为工程师和律师的可能性各占一半,而忽视了基本比例.

忽视基本比例对于专业人员的判断也会造成不良影响.比如,某种疾病的发病率实际上很低,但是当某个患者的某种检验结果呈阳性时,医生常常会忘记发病率,而过高地估计他(她)患病的可能性.

§14.4　影响主观概率的 3 种个性

1. 乐观

大多数人认为不好的事情往往发生在别人身上,自己则是安全的.

例 40　乐观的大学生.

某项调查要求大学生比较一些意外事件发生在自己身上的可能和发生在其他同性同学身上的可能,结果,平均而言,大学生们认为自己遭遇"好事"的可能性比其他人高 15 个百分点,与此同时,碰到"坏事"的可能性则比其他人低 20 个百分点.其中比较极端的如:"毕业后找到起薪高的工作"的可能性比别人高 42%,"能够置业"的可能性比别人要高 44%,而"将来酗酒"的可能性比别人要低 58%,"40 岁以前得心脏病"的可能性比别人则要低 38%.

实际上,任何人面对上述任何事情只会有两种结果:有或者没有,因此总体而言,发生可能性超过平均值的人和发生可能性低于平均值的人各占一半.如果这些学生的回答没有矛盾,那么超过(或低于)他人可能性的中位数应为 0.

低估自己遭遇不幸事件的可能性往往会导致愚蠢的冒险行动,例如,酒醉驾车和不安全性行为. 如果所有的人都低估自己受伤害的可能性,那么一定有人会犯错.

2. 保守

保守的一种解释就是"即使有了新的证据,人们还是不轻易修正原有概率的估计". 比如在科学界,人们往往不轻易接受新的事件.

3. 自负

与保守相对,自负就是人们往往对自己最初的判断给予过多的信任.

例 41　你的判断到底正确吗?

为了判断人们自以为正确的答案到底有多少是正确的,有学者向被调查者提了几百个常识问题,诸如:"《时代周刊》和《花花公子》哪个发行量更大?""苦艾酒是一种液体还是宝石?"提问结束后要求被访者用对错之比估计自己回答的正确率,其中 1∶1 表示"对错各半",1 000 000∶1 表示"几乎全对".

结果发现,正确性估计值越高的人,其实际正确率与估计值的差别越大. 其中,认为自己对错各半的人其实际正确率等于 53%,认为自己对错比为 100∶1 者(约有 99% 的正确率)的实际正确率只有 80%.

§14.5　提高判断能力的若干提示

a) 凡事要考虑周全,既要看回报也要看风险,在购买保险产品的时候,不光要看保费,还要看保险的范围.

b) 如果一项决策会改变某种风险,要了解这种风险发生的底线. 同时,比较风险要采用相同的度量,例如,比较疗效,一般要看每 10 万人的死亡人数降低了多少,而不只看死亡率降低了百分之多少.

c) 不要被如临其境的描述所愚弄. 因为过多的细节描述在降低某些事件发生可能性的同时,会诱使人们提高对它发生可能性的估计.

d) 别忘了列举出的导致你的判断发生错误的情形,这样也许会使你的判断更符合现实.

e) 别以为倒霉的总是别人,要现实地估算自己面临的风险.

f) 谨防类似"托儿"这样的人,因为本章所列的类似技巧在市场营销中屡试不爽.

练 习

1. 电视商场中的推销人员在展示了某件商品以后,往往会这样说:"买这件商品你准备花多少钱:25 元、30 元还是更多? 告诉你,只需花 16 元 9 角 9 分!"这其中运用的是本章所述的哪种方法?

2. 世界上白蚁的数量要超过蚊子的数量,但是大多数白蚁生活在热带雨林中. 应用本章知识解释为什么大多数人会认为世界上蚊子要比白蚁多?

3. 通过本章学习我们知道,降低过高的主观概率的方法之一是列出你可能判断错误的原因. 请解释为什么公开程度暗示可以说明这种现象.

4. 有学者通过研究发现,人们认为在美国意外死亡人数和死于疾病的人数相等,而实际上,因病死亡的人数是意外死亡人数的 16 倍. 请根据本章内容解释这种现象.

5. 保险推销员会如何应用以下技巧来推销保险产品:

a) 帮腔;

b) 伪确定性效应;

c) 公开程度暗示?

6. 截至 1986 年年底,地球上已有近 50 亿人口. 有学者请读者估计,如果用一个立方体容器来存放所有人的血液,容器的长度要多大? 正确的答案为 265 米,但是大多数人的答案要远远高于这个数据,这是什么原因造成的?

7. 有学者研究了《纽约时报》自 1988 年 10 月 1 日起为期 1 年的封面人物报道,发现其中 4 个涉及汽车死亡,51 个涉及商业飞行中的死亡事故,与此相应的是,每 1 000 个死于汽车事故的人中曝光次数只有 0.08 次,而在死于商业飞行事故的人中,这个数字为 138.2 次. 同时,这位学者还指出,在 1989 年 8 月中旬的一项盖洛普调查发现,有 89% 的美国人对近年来的飞行安全失去信心. 根据本章内容,对此现象进行讨论.

8. 假设你在医生处进行健康检查时没有说明有任何不良的症状,但是血液检查却发现某项疾病的指标呈阳性. 为了确定自己是否应该对此过分担心,你需要问医生什么问题?

9. 本章中的哪些概念可以解释购买彩票的决策行为?

第十五章　看似意外，实属正常

问题

- 你同意"任何人在一生中有两次机会在公营彩票中获奖"这种说法吗？
- 如果要使组员中有两人在同一天过生日的可能性在 50% 以上，你认为这个小组应该有多少成员？
- 如果某种疾病的发病率为 1‰，而你的检验结果呈阳性. 假设这种检验的误判率为 10%，那么，你得病的可能性究竟等于多少？是大于 50%？还是小于 50%？
- 如果用 H 表示正面朝上，T 表示反面朝上. 连续掷硬币 6 次，以下哪种结果最可能发生：HHHHHH, HHTHTH, HHHTTT？

§15.1　再谈相对频率

我们知道概率的相对频率解释可以对某一类概率问题给出准确的答案，因此，只要依据适当的物理假设和相对频率的性质，不难计算某些不确定事件发生的概率. 例如，如果我们认为摇奖过程是公平的，那么对每一个特定号码的中奖概率是不会有异议的. 在生活中，某些不确定问题本身可以作为计算概率的依据，但人们往往会忽视这一点：只凭自己的主观概率判断其发生的概率，而这种概率与根据相对频率算出的概率不符.

§15.2　这些都是巧合吗

例 42　两个人同一天过生日.

对于以下问题：

如果一群人中有两个人的生日相同的概率大于50%,那么这群人中至少要有多少人?

正确的答案应该是23人,但是大多数人给出的答案要远远大于这个数值,其中许多人认为"这两个人一定是在指定日期出生的",而一年有365天,所以给出的答案在183人附近.

实际上我们并没有要求生日在某一天,所以问题的另一种等价的说法就是"若干个人的生日不是同一天的概率是多少",根据概率的性质,1减去上述概率就是我们要求的概率.为此,我们首先计算两个人的生日不同的概率.如果不考虑闰年并且假设一个人在每天出生的可能性相同,那么固定其中一个人的生日,另一个人和他不是同一个生日的概率为364/365.如果有3个人,那么第三个人的生日必须和前面两个人的都不同,这种情况的概率为363/365,以此类推,第23个人和前面22个人不是同一个生日的概率为343/365.上述情况同时满足时,23个人中就不会有两个人的生日相同的情况,这时概率等于:$364 \times 363 \times \cdots \times 343/365^{22} \approx 0.493$,所以,23个人中有两个人生日相同的概率为$1-0.493=0.507$.

如果你觉得上述推理太抽象,你可以想象有23个人在一起,每个人和其余22个人先后握手(握过不再重握),握手的同时询问对方的生日,则总共要握253次,在253次询问中有一次会发现两个人的生日在同一天的可能性还是比较大的.再进一步,如果50个人在一起的话,则握手次数将达到1225次,这时两个人为同一个生日的概率将达到0.97.

例43 两次中奖的概率.

有人在《纽约时报》中刊文指出:一个人两次买新泽西州政府彩票,两次都中奖的概率只有十七万亿分之一.尽管如此,每天都有数以百万计的人在购买此彩票,因为这种好事虽然听起来令人不可思议,但是某一天落在某个地方的一个幸运儿的身上也并非不可能.进一步,有学者还计算出,从理论上讲,在美国,每4个月中有人两次中奖的概率为1/30,7年中有人两次中奖的概率大于1/2.

有些对你来说是"不可能"的事情实际上就是某人于某日在某地所遇到的事情.但你要想一想,世界上有近50亿人口(截至1986年年底的数据),即使一件事情在某个特定的日子里在某个特定人身上发生的可能性只有百万分之一,平均下来这样的人一天也有5 000个,所以,即使某件事情于某日发生在某人身上的可能性很小,但是只要它天天有可能发生并且人人参与,那么它的发生也并不奇怪.

例 44 桥牌中的运气.

玩桥牌需要 4 个人,每人拿 13 张牌,13 张牌的每种花色组合出现的概率是相同的,大约为六亿三千五百万分之一.许多人拿到一副普通的牌(例如,红心 4, 7, 10;黑桃 3, 8, 9, J;方块 2, Q;梅花 6, 10, J, A)时并不感到意外,可是当他拿到 13 张红心的时候,心里就会激动万分.

总而言之,我们往往会因为某件事情此时此地发生在自己面前的概率很小而认为这是不大可能的.如果我们换一种思路,考虑在某时某刻某地某人身上发生,就会发现发生的概率实际上是不小的.换句话说,某些看似不可能的事情是因为大家都希望它立刻落在自己的身上,如果希望总有一天会落到我的头上,那还是有可能的.

§15.3 赌 徒 错 觉

对随机事件的另一种错觉就是认为随机事件能够自我改变原来的状态.比如说,某人好赌,虽然近来在赌场上连连失手,但他总是认为下一次马上就会鸿运高照,这样就可以把输掉的钱全部赚回来.关于这种错觉有一种经典的说法是**赌徒错觉**(gambler's fallacy),其实质就是错误地认为"某个事件经过长时期积累所得出的相对频率也同样适用短时期运行的过程",赌徒错觉会导致坏的决策,尤其是在赌博游戏中.因为实际上每次赌博的结果是相互独立的,这次赌博的结果不会被记忆下来,也不会影响下次赌博的结果,期望在连输几次或者十几次后会时来运转只能是一厢情愿.

有学者做过一种调查,用 H 表示硬币正面朝上,T 表示反面朝上.如果连续投掷 6 次硬币,人们普遍认为出现"HTHTHT"的可能比"HHHTTT","HHHHTH"的可能性都要大,因为第二种结果看起来不像一个随机序列,而第三种结果则根本没有体现出掷硬币的随机性.而事实上,每次投掷的结果是相互独立的,只要每次正反面出现的机会相等,任何序列出现的可能性是均等的.

赌徒错觉只有在独立随机事件的场合才会出现.所谓**独立随机事件**(independent random event)是指前一次随机事件的结果不会对预测下一次结果提供任何信息.连续投掷硬币就属于此类现象.反之,如果一个随机事件的前一次结果会影响下一次,那么这种随机事件不是相互独立的.比如,用一副扑克牌玩游戏,人们可以根据台面上牌的花色和点数,判断对方下次可能的出牌.再比如,你在正常情况下每天会收到许多电子邮件,但突然连续两天一封信也没有,那么你猜想接下来收到的邮件的数目会比平时要多.

§15.4   反问题错乱和贝叶斯公式

假设你是一个医生,有一个患者胸部长了一个肿块,你几乎可以肯定它是良性的,因为你知道这种肿瘤恶性的可能性只有1%,为了以防万一,你还是要求他做X光检查.但检查结果却说是恶性的.医学文献表明,这种检查对恶性肿瘤的正确率为80%,也就是说在患者患恶性肿瘤的情况下,有80%的检查结果为恶性,但有20%的检查结果为良性,而这种检查对良性肿瘤的正确率为90%.问:患者患恶性肿瘤的概率是多少?

现在我们来计算上述问题的实际发生概率.假设有100 000名类似的患者,因为这种肿瘤恶变的概率为1%,那么其中患恶性肿瘤者约有1 000名,这1 000名患者X光检查中约800名会呈阳性,200名呈阴性.在其余99 000名良性肿瘤患者的X光检查中,约有9 900名呈阳性,89 100名则呈阴性.于是在100 000名患者中,检查呈阳性的会有10 700名,其中真正为恶性的有800名,因此检查结果呈阳性者患癌症的概率等于800/10 700 ≈ 0.075.

有学者就这个问题询问了100位医生,大多数人认为患恶性肿瘤的概率为75%.两者竟有10倍的差别.学者进一步询问他们是如何判断的,结果发现估计错误的医生将"X光检查呈阳性的患者患癌症的可能性"等同于"癌症患者的X光检查呈阳性的可能性".这两种讲法正好相反,所以上述现象也称为**反问题错乱**(confusion of the inverse).许多医生会受到反问题错乱的影响.事实上,如果某个疾病的发病率很低,那么当患者检查结果偏离正常值时,这个结果很可能是假阳性.

1. 条件概率

在事件 B 发生的情况下,随机事件 A 发生的概率称为条件概率,记作

$P(A|B)$. 上述关于肿瘤的概率问题就是一种条件概率,这里事件 B 就是"检查结果呈阳性",事件 A 就是"肿瘤为恶性".

2. 贝叶斯公式

a) 已知互补事件 A, B 发生的概率为 $P(A)$ 和 $P(B)[P(A)+P(B)=1]$. 例如,在上述例子中,"某人患癌症"(事件 A)和"某人不患癌症"(事件 B)就是互补事件.

b) 已知事件 C 关于 A 和 B 的条件概率:$P(C|A)$, $P(C|B)$. 例如在上述例子中,记"某人检查呈阳性"为事件 C,则 $P(C|A)$ 表示"某人在患癌症情况下检查呈阳性"的概率,$P(C|B)$ 表示"某人没有患癌症但检查呈阳性"的概率,那么,即使不知道 C 发生的概率,也能利用下列公式算出在事件 C 发生的情况下,事件 A 发生的概率:

$$P(A \mid C) = \frac{P(A)P(C \mid A)}{P(A)P(C \mid A) + P(B)P(C \mid B)}. \tag{15.1}$$

3. 应用贝叶斯公式计算疾病诊断问题

在利用贝叶斯公式计算发病概率时,需要知道 3 种信息:

a) 疾病的**发病率**(base rate),记为 p;

b) 某种检查的**灵敏度**(sensitivity)——患者的检查结果呈阳性的可能性,记为 q;

c) 某种检查的**特异度**(specificity)——非患者检查结果呈阴性的可能性,记为 r.

显然,只有某种疾病检查方法的灵敏度和特异度都超过一定标准,该方法才可以正式在医院投入使用.

设事件 A, B, C 分别如上所设,那么

$$P(A)=p, \ P(B)=1-p, \ P(C \mid A)=q, \ P(C \mid B)=1-r.$$

根据贝叶斯公式,当检查结果呈阳性时,患者患某种疾病的概率为

$$P(A \mid C) = \frac{p \times q}{p \times q + (1-p) \times (1-r)}. \tag{15.2}$$

以上述癌症问题为例,$q=0.8$, $r=0.9$, $p=0.01$,则

$$P(A \mid C) = \frac{0.01 \times 0.8}{0.01 \times 0.8 + (1-0.01) \times (1-0.9)} \approx 0.075.$$

案例 15.1 **NBA 投篮命中预测.**

通过本章内容的学习我们可以知道,某人凭直觉所给出的不确定事件的概率(尤其是当他出于某种动机而希望出现特定结果时)往往会失真. 有研究人员伪造了一些投篮动作的录像短片,每部短片都包含 21 个投篮动作,投出的篮球能否投中是无法判定的. 然后他们组织了 100 名资深球迷来观看这些录像,但不告诉他们这是伪造的,只是请他们在看了以后给这些短片分类:第一类是所谓的"运气球"——每次投篮能否击中篮筐和前一个投篮结果无关;第二类是"擦边球"——从投篮命中到出现投篮不进或者从投篮不进到出现投篮命中之间的间隔次数比"运气球"的间隔要长;第三类是"交替球"——这种短片中从投篮命中到出现投篮不进或者从投篮不进到出现投篮命中之间的间隔次数比"运气球"的间隔要短.

读者可能会对这 3 种分类有些摸不着头脑,我们不妨举一个例子. 根据定义,在"运气球"序列中相邻两次投篮结果不同的次数占总数的 1/2 左右. 设连续投篮 21 次,命中 10 次(用 S 表示),不中 11 次(用 F 表示),那么在

a) 序列 1:FFSSSFSFFFSSSSFSFFFSF;

b) 序列 2:FSFFSFSFFFSFSSFSFSSSF

这两个投篮结果序列中,相邻两次投篮结果不同在序列 1 中出现 10 次,而在序列 2 中则出现了 14 次,而 21 次投篮中有 20 次可以和上一次投篮的结果做比较,所以序列 1 更像是"运气球"(你猜对了吗?). 但科学家在球迷中所做实验的结果是:大多数球迷把相邻两次投篮结果不同占总数 70%~80% 的序列误选为"运气球".

进一步,为了测试在球迷和球员心目中是否存在关于投篮命中与否的固定模式,研究人员还准备了一些问题,这些问题都涉及前一次投篮命中(或失败)后,下一次投篮成功的概率的比较. 对于"如果投篮时不受任何阻拦,那么在首次投篮命中和失败两种不同的情况下,第二次投篮哪个更有可能命中?"这样的问题,100 名球迷中有 68% 认为连续命中的可能性更高,32% 则正好相反. 研究人员在费城 76 人队中就同样问题展开的调查也出现类似结果. 另一个关于正常情况下投篮命中问题的调查结果则更令人吃惊:高达 91% 的被访者认为在连续两三次投篮命中

后继续投篮的命中率要高于连续两三次投篮不中后继续投篮的命中率.

那实际投篮命中的数据又是怎样的呢? 研究人员采集了包括费城 76 人队、新泽西网队、纽约尼克斯队和波士顿凯尔特人队在内的若干 NBA 球队的投篮数据, 这里我们只列举经过连续两次突破, 球员急停后在固定位置上的投篮数据, 这样可以排除因被对方球队重点防守"神投手"而可能存在的混淆量的影响. 研究人员报告了凯尔特人队中 9 位选手在对方无人防守情况下的投篮数据, 算出他们连续两次命中的相对频率, 以及第一次不中后第二次命中的相对频率, 其中有 5 位一次不中后第二次命中的概率要高于连续命中的概率, 另外 4 位则正好相反, 这就是说, 68% 球迷所持的观点没有得到实际数据的支持.

研究人员还调查了其他 NBA 球队的投篮命中与否的数据, 并邀请了康奈尔大学的多支学生篮球队来做对比实验, 经过采用多种方法对实验数据所做的分析, 研究人员没有发现存在人们心目中的"神投手", 他们在研究报告中指出:

我们的研究没有提供有关体育运动本身的普遍适用的信息, 却提供了关于人性的一般信息——对于一些重复出现的现象, 人们比较倾向于从中"发现"某些实际并不存在的模式. 因而, 和生活中其他重复现象一样, 对在体育运动中连续出现的行为中某一类事件发生的概率估计过高. 随着自然界和社会某些随机现象的重复出现, 都会有人怀着浓厚的兴趣一次次地进行观察, 然后凭直觉做出某些判断, 但是这些判断和统计数据所反映的事实会有出入, 这些差距是由于人们对于随机事件平衡性的期望远远超过了实际的可能, 结果就误以为在一些非独立事件序列中发生的偶然现象是有规律的.

练 习

1. 假设生男和生女(分别用 M 和 F 表示)的概率相等, 而一对夫妇共生了 4 个孩子.

a) FFFF 和 MFFM 的可能性哪个更大? 请解释.

b) 人们认为上述序列中的哪一个发生的概率更高?

c) 一对夫妻生了 4 个孩子, 那么 4 个都是女孩的可能性大, 还是两男两女的可能性大? 请解释.

2. 为什么"在大的空难发生的前夜, 有些人会梦见发生一次空难"并不令人奇怪?

3. 某一本医学杂志声称"在高危人群中, 所有 HIV 病毒测试呈阳性的人最终都证实被感染了 HIV 病毒. 但是在低危人群中, 假阳性的人数要超过真阳性, 人数之比约为 10∶1".

a) 假设你有一个朋友属于低危人群,可是检查结果却呈阳性. 根据上述数据算出此人确实被感染的概率.

b) 但你朋友却不相信此概率会这么低,因为他相信实验总不会骗人,结果又是阳性. 请根据你所掌握的知识向你的朋友做解释.

4. 假设在和你一样的人群中,某种疾病的发病率为1‰,检验的灵敏度为95%,特异度为90%. 那么,如果你的检验结果为阳性,那么真患此病的概率是多少?

5. 你和你的朋友去赌场玩. 你的朋友虽然已经连输6次,但她根据平均数定理认为自己将时来运转,因为这种游戏的获胜概率为40%,而自己已经输了6次,接下来得连赢4次才行. 她的说法对不对? 请解释.

6. 假设一位朋友告诉你她的汽车最近麻烦不断,几个月里出了3次事故,许多损坏的零件已经换了新的. 她因此断言自己接下来应该有一段时间不会有任何问题了. 她犯了"赌徒错觉"错误了吗? 请解释.

7. 扔硬币的时候,为什么"成功预言将连续6次正面向上"比"看到连续6次正面向上"更令人称奇?

第十六章　样本和总体的差异

问题

- 假设总体中有 40% 的人对一项准备实施的新法规有不同意见.

  a) 如果你随机抽取 10 个人,是否恰好有 4 个人是反对派? 如果样本中只有 2 个人不同意,你是否会觉得意外? 如果没有人不同意,又应该如何考虑问题?

  b) 现在假设随机抽取 1000 个人,是否恰好有 400 个人是反对派? 如果样本中只有 200 个人不同意,你是否会觉得意外? 如果没有人不同意,又应该如何考虑问题?

  c) 如何应用概率的相对频率解释和赌徒错觉来回答上述两个问题?

- 假设某大学中所有女性体重的平均值为 50 千克,标准差为 3 千克.

  a) 请根据第八章中有关钟形曲线的知识,计算其中 95% 的人的体重所在的范围.

  b) 如果你在这所学校中随机抽取 10 位女性,你觉得她们的平均体重和 50 千克的差别有多少? 如果你抽取 1000 个人,结果又会怎样? 你是否认为 1000 个人的平均体重与 50 千克的差应该比 10 个人的要小一些?

§16.1　基础知识

　　本章将简要介绍民意调查工作者和研究人员是如何根据一个相对比较小的样本得出有关整体的结论. 在以后几章中,你将进一步了解和掌握统计工具在当代生活各个方面的应用.

　　在许多情况下,人们关于总体的信息是从其中的若干样本得到的. 比如,为了了解"感染 HIV 病毒的人数"、"左撇子死亡的平均年龄"、"某较大规模的大学中参加勤工俭学学生的平均收入"等问题,我们会从总体中采集样本,通过提问获取所需要的数据,经过统计分析给出上述问题在样本中的答案.如果采样方式得当,这些答案在通常情况下可以推广到总体中.但是由于来自同一总体的不同样本之间的差异,基于样本的答案和我们想要知道的关于总体的真正答案会存在一些差异,因此统计学中另外一个重要问题就是确认差异的大小.一旦样本答案和总体答案的差异程度明确,那么就可以根据样本答案换算出总体的答案.比如,假定我们知道大多数的样本结果和总体值的差别为 10%,那么反过来,关于总体的结果在我们所采集的某个特定的样本结果的±10%范围内.也就是说,根据样本的结果可以对总体进行合理的猜测,第四章中根据抽样调查的误差来估计总体的值就是这种思想的一种应用.对于其他样本统计数据,统计学家也给出了类似的方法,本章和下一章将详细介绍其中的若干方法.

§16.2   样本比例估计

为了知道携带某种致病基因的人群在总体中的比例,我们抽取 25 个人作为样本,希望从中估计出精确的值.如果总体中携带者比例的正确值为 40%,那么是不是样本中一定有 10 个人携带了这种基因,而另外 15 个人没有携带?根据第十五章关于赌徒错觉的讨论可以知道,这种情况几乎是不可能发生的.因为 40%的比例是经过长时间研究所得到的数据,只包含 25 个人的样本不满足"长时间"的要求.实际情况可能如下:

样本一:发现 12 个基因携带者,这时携带者的比例为 12/25＝48%;

样本二:发现 9 个基因携带者,这时携带者的比例为 9/25＝36%;

样本三:发现 10 个基因携带者,这时携带者的比例为 10/25＝40%;

样本四:发现 7 个基因携带者,这时携带者的比例为 7/25＝28%.

每组样本给出了不同的答案,有的和真实的值相同,有的则不同.

在实际生活中,当研究人员进行类似的实验或者民调人员进行民意调查时,他们只能抽取一个样本,因此无法预先知道这个样本是否和总体完全吻合.但是,统计学家已经给出了估计方法,就是以下的**样本比例规则**(the rule for sample proportion).

1. 条件

a) 总体中有某种相同的特性(持同一种观点、生同一种疾病、属于同一个阶层等)的群体在总体中所占比例是一个确定值;或者某种结果发生的相对频率(概率)可以通过重复实验得到.

b) 随机抽样应保证总体中所有的对象被抽取的可能性相等;或者每次重复实验的结果是独立的.

c) 样本的总量(或者实验重复次数)要足够大,具体数值和所研究的比例或者概率的大小有关,但是在样本中所包含两种结果的重复次数不能少于 5 次.

以下为符合满足上述要求的例子.

例 45 **投票结果抽样调查.**

投票结果抽样调查可以估计某个候选人的得票率,这里调查的总体就是全体投票者,把票投给特定候选人的选民是调查者关心的群体.

例 46 **电视节目收视率调查.**

收视率调查是估计观看某个电视节目的家庭在所有拥有电视机家庭中的比例,这里总体就是拥有电视机的家庭,观看特定节目的家庭就是调查者关心的群体.

例 47 **消费者喜好调查.**

某饮料公司在一种新的功能性饮料上市之前,希望知道有多少消费者会放弃在市场上销售的已有品种而改喝新品种饮料. 这里,总体就是全体消费者,弃旧迎新的消费者就是调查者关心的群体.

2. 规则

在满足上述条件的前提下,如果每次采样的样本个数或重复实验次数相等,那么这些样本比例的分布近似于正态分布,它们的平均值就是总体的真实比例,而

$$标准差 = [真实比例 \times (1 - 真实比例) / 样本个数]^{1/2}. \qquad (16.1)$$

如果记样本个数为 n,总体比例为 p,样本比例为 p',则上述规则可以表示为: p' 的分布近似于正态分布,该分布的均值等于 p,而

$$标准差 = [p(1-p)/n]^{1/2}, \tag{16.2}$$

记为 $p' \sim N(p, p(1-p)/n)$.

例 48　投票结果抽样调查.

假设在一次民意调查中,某候选人的支持率为 40%,这次调查抽取了 2 400 人的样本,那么根据公式我们可以算出:样本支持率的均值 $p' = 0.4$,标准差为

$$[p(1-p)/n]^{1/2} = [0.4 \times (1-0.4)/2\ 400]^{1/2} = 0.01.$$

根据第八章关于正态分布的讨论,我们可以知道,对于上述 2 400 人的样本:

a) 样本支持率在 39%～41% 的可能性为 68%;

b) 样本支持率在 38%～42% 的可能性为 95%;

c) 样本支持率在 37%～43% 的可能性几乎为 100%.

但是,实际出现的情况和本例正好相反,真实的总体比例是不知道的,并且样本也只有一个.虽然在这种情况下无法直接套用样本规则,但是从中我们可以了解到:有了标准差就可以知道样本比例和真实比例的差距会多大,而标准差可以通过样本比例和样本个数来估计,所以,即使我们只有一个样本,我们也可以对真实的比例做大概的了解.下一章将介绍相关的内容.

§16.3　样本均值估计

我们在上一节讨论了分类变量成员在某一群体中的比例估计,在已知样本个数和真实比例的情况下,就可以得到样本比例所在的区间.现在我们把目光转向度量数据的均值估计.例如,左撇子和非左撇子的平均死亡年龄、每天在食物中添加一定量的燕麦片以后的平均胆固醇水平、大学生在校园内勤工助学的平均收入等.

假设某个总体由成千上万个个体组成,而我们想知道这些个体的一个度量数据的平均值.由于总数太多,必须采用抽样方法,问题是由 25 个个体组成的样本平均值和总体的平均值的差别究竟有多大呢？进一步,如果样本不止一组(虽然样本个数相同),那么对于来自不同样本组的多个均值,我们可以得出什么结论呢？

我们先举一个例子.某减肥诊所的减肥疗程为 10 天,我们想知道 10 天后参加减肥治疗的人的体重平均减少了多少.假设这个值为 4 千克(事实上是不知道的),

标准差为 2.5 千克. 如果所有人的体重减少数量接近于钟形曲线,那么体重减少数量和平均值(4 千克)相差不超过标准差 2 倍(5 千克)的人占总数的 95%,换句话说,有 95% 的人的体重变化在 −1 千克(增加)和 9 千克(减少)之间.

下面列举了几组样本的体重变化数据(单位:千克,负数表示体重增加)和相关的统计数据.

样本一:0.5, 0.5, 1, 1.5, 2, 2, 2, 2.5, 3, 3.5, 3.5, 3.5, 4, 4, 4.5, 4.5, 5.5, 5.5, 6.5, 6.5, 7, 7, 7.5, 8, 8. 均值 = 4.16,标准差 = 2.37.

样本二:−1, −1, 0, 0, 1.5, 2, 2, 2, 2.5, 2.5, 3, 3, 4, 4, 4.5, 4.5, 4.5, 4.5, 4.5, 5, 5.5, 6, 6.5, 6.5, 8. 均值 = 3.38,标准差 = 2.365.

样本三:−2, −2, 1, 1.5, 2, 2.5, 3.5, 4, 4, 4.5, 4.5, 4.5, 4.5, 4.5, 5, 5, 5.5, 5.5, 5.5, 6, 6, 6.5, 7, 8, 9. 均值 = 4.215,标准差 = 2.635.

样本四:−1.5, −1.5, −1, 0, 0.5, 1, 1, 2, 2, 2.5, 3.5, 3.5, 4.5, 4.5, 5, 5, 5, 5.5, 5.5, 6, 6, 7, 7, 7, 9.5,均值 = 3.58,标准差 = 2.965.

下面介绍样本均值规则的条件和规则.

1. 条件

a) 所关心的度量数据总体呈钟形分布,每次取样的个数相同.
或者
b) 虽然所关心的度量数据总体不呈钟形分布,但是随机抽样的个数比较大(正常情况下至少为 30,如果存在离群值则需要更大).

上述条件看似苛刻,实际上只要采样是随机的,除了极少数情况以外,几乎所有的数据都可以满足上述条件. 当然,实际生活中完全随机抽样是难以做到的,所以只要抽取的样本明显不包含因为第三变量所导致的偏差,我们就认为条件是满足的.

例 49 平均体重减少数.
某减肥诊所想知道肥胖者经过一个疗程后体重平均能够减轻多少. 一般可以假设体重减少数量呈钟形分布,因此无论样本个数多少,样本均值都能适用. 这里的总体就是现有及潜在的肥胖客户,该诊所关心的度量数据就是这些患者的体重变化值.

例 50 平均死亡年龄.
有学者想了解死亡年龄超过 50 岁的左撇子的平均年龄. 因为死亡年龄不是呈

钟形分布的,所以至少需要 30 个这样的左撇子的年龄数据. 这里的总体就是 50 岁以上的左撇子,度量数据是这些人的死亡年龄.

例 51　学生勤工助学的平均收入.

一所规模较大的大学想了解参加勤工助学学生的平均月收入. 这里的总体就是该校所有在外打工的学生,度量数据就是他们的月收入. 因为收入不是呈钟形分布并且很有可能存在离群值(有个别学生收入很高),所以学校调查时需要一个较大的随机样本,并且在调查时特别注意和选中的被调查者直接接触. 因为赚钱多的学生往往在外打工时间较长,相应地待在寝室里的时间就比较少,如果采用电话调查会很难直接找到他们,采用发电子邮件的方式也少有可能收到回复,这时如果临时找一个正好留在寝室里的学生来接受调查的话,调查结果就会有偏差.

2. 规则

满足上述条件的多个样本组的均值近似于钟形分布,它们(样本均值)的均值和总体均值相等,而

$$标准差 = 总体标准差 / 样本个数的平方根. \tag{16.3}$$

如果记样本个数为 n,总体均值为 μ,总体标准差为 σ,样本均值为 X,样本标准差为 s,则上述规则采用数学公式可以表述为:X 的分布近似于正态分布,该分布的均值等于 μ,而

$$标准差 = \sigma/n^{1/2}, \tag{16.4}$$

即 $X \sim N(\mu, \sigma^2/n)$.

例 52　体重减少数的平均值计算.

在上述假设的诊所减肥数据中,我们假设总体的均值和标准差分别为 4 千克和 2.5 千克,那么根据上述规则我们知道,所有样本个数等于 25 的样本组均值服从均值为 4 千克、标准差为 $2.5/25^{1/2} = 0.5$ 的钟形分布,于是可以得出以下关于样本均值的结论:

a) 样本均值在 3.5 和 4.5 之间的可能性为 68%;

b) 样本均值在 3 和 5 之间的可能性为 95%;

c) 样本均值在 2.5 和 5.5 之间的可能性几乎为 100%.

上面给出的 4 组样本数据的均值(从 3.38 到 4.215)和上述结论是完全相符的.

现在我们把样本个数从 25 增加到 100,注意到这时样本均值的平均值并没有改变,仍然是 4 千克,但是,样本均值的标准差却从 2.5/5 = 0.5 减少为 2.5/10 = 0.25,因此,对于个数为 100 的样本,我们可以得出类似的结论:

a) 样本均值在 3.75 和 4.25 之间的可能性为 68%;

b) 样本均值在 3.5 和 4.5 之间的可能性为 95%;

c) 样本均值在 3.25 和 4.75 之间的可能性几乎为 100%.

比较以上两组结论,我们可以发现:如果 σ 确定,则随着 n 的增加,样本均值的方差就减少,这意味着样本均值就越准确.这和"样本越大,对总体的估计就越正确"这种常识是相符合的.

以上讨论都是假设我们已知总体的均值和标准差,但实际上这是做不到的,因为总体均值恰恰是我们想知道的量.在第十八章中你将会知道,只要我们有一个样本,就可以在它的均值和标准差的基础上,利用样本均值规则来估计出总体均值.

案例 16.1 美国人说自己投了票是真的吗?

1994 年 11 月 8 日在美国举行了一次具有历史意义的选举,共和党自 1952 年以来首次在国会参众两院同时拥有多数席位.有多少人参加了这次投票选举?《时代》杂志在 1994 年 11 月 28 日公布了在选举后两天内组织的一项对 800 个成年人的电话调查结果,其中有 56% 的被调查对象回答参加了选举,考虑到登记参加选举的选民只占全体选民的 68%,这个数字还是相当不错.该杂志同时还公布了由美国选情研究委员会提供的一个令人惊讶的数据——美国成年人实际的投票率只有 39%.两个数字差距甚大.难道电话调查样本的投票率真的恰巧大于总体的投票率吗?

我们利用样本比例规则来分析上述问题.假设总体的投票率就如《时代》杂志所公布的那样为 39%,而样本大小为 800,那么根据规则:样本比例的均值为 39%,标准差为 $[0.39 \times (1 - 0.39)/800]^{1/2} \approx 0.017$.所以进一步我们可以肯定:样本投票率和实际投票率的误差在 $3 \times 1.7\% = 5.1\%$ 以内.也就是说,如果被调查者回答是正确的,那么样本投票率不会超过 39% + 5.1% = 44.1%,更不可能达到所报道的 56%,所以电话调查显示的投票率恰巧高于实际投票率几乎是不可能的.造成这样大的差异很可能是被调查者提供的信息失真,而造成这种现象的原因则有被调查者不愿意提供真实的投票情况、对问题理解有错误、回忆有错误等.

练　习

1. 假设你想估计自己所在学校里左撇子的比例,于是随机抽取了 200 个同学,问他们用右手还是左手. 请解释为什么这样做是满足样本比例规则条件的.

2. 继续上一题. 假定左撇子的真实比例为 12%,样本个数为 200. 利用样本比例规则估计样本比例的范围.

3. 由 100 个学生组成的随机样本中有 35% 的学生赞成两学期制,60% 的学生赞成三学期制,其余 5% 认为都可以. 这是否足以说明大多数学生赞成三学期制?

4. 假定某个电视节目在全国的收视率达到 20%. 某调查机构随机抽取 2500 户家庭进行收视率调查,如果抽样收视率少于 17%,则该节目将面临停播的危险. 你认为这次调查会出现这种情况吗? 请解释.

5. 解释下列情形是否满足样本比例规则,如果不是,指出违反了哪一条.

a) 尽管不知道确切的数据,但是某个城市的政府部门估计有 10% 的汽车不满足排放标准. 为此,他们随机抽取了 30 辆汽车作为样本,计算其中排放未达标的比例.

b) 为了确定获取普查信息的有效时间,人口普查机构需要估计每周工作日下午 7 时到 7 时 30 分有人在家的家庭比例数. 他们随机抽取了 2000 户家庭,在这个时间段里上门确定这些家庭是否有人在家.

c) 你想知道你所居住的地区一年中下雨或者下雪天气的比例,于是你记录了从 1 月份到 2 月份中间每一天的天气情况,这样持续了多年,并据此估计出雨雪天气的比例.

d) 一家大公司想了解员工是否愿意把小孩子带到公司由专人照顾,于是随机抽取了 100 个员工作为样本,计算其中感兴趣人的比例.

6. 解释下列情形是否适用样本均值规则. 如果是,请指出总体和度量数据;如果不是,请解释.

a) 某研究人员想知道:如果将脂肪摄入量控制在相当于热量摄入量的 30%,人体内胆固醇的平均水平会如何变化? 于是,他(她)从心脏病患者中选取一组志愿者,这些志愿者连续几个月对自己的饮食进行控制,然后测量胆固醇.

b) 某大公司希望了解员工配偶的平均收入,为了减少麻烦,没有采用抽样的方法,而是派人下午 5 时在公司大楼出口处值班,5 时到 5 时 30 分离开大楼的员工都要填写有关上述问题的一张简短的问卷,一共抽样 70 张.

c) 某大学想调查其校友的平均收入,于是随机选取了 200 名校友,向他们寄送了问卷. 对于其中在 30 天以内没有回复的再做一次电话调查.

d) 某汽车制造商想了解其在特定年份生产的某型号二手车在某地的平均售价,于是从机动车管理部门要来二手车买主的名单,从中随机选取了 20 个人,然后尽一切可能找到这些人并成功地掌握所有汽车的成交价格.

7. 某所大学的管理部门想通过随机抽样的办法来了解学生对食堂一项新的服务项目的意见,意见用 1~100 之间的连续数据表示,1 表示完全不满意,100 则表示 100％满意. 根据过去的经验,他们知道对于类似的问题,学生反映的标准差在 5 左右,但他们不知道平均数是多少. 为了尽可能使调查结果准确,他们希望样本均值和实际均值的误差在正负 1 之间,问样本个数需要多大?

第十七章 总体比例估计的可靠性

问题

- 在英国夫妇中,妻子身高超过丈夫的 95% 置信度的区间约为 2% 到 8%. 这个区间是否意味着妻子比丈夫高的夫妻的比例在 2%~8% 之间的可信度为 95%?

- 对于上述问题,如果我们把置信度从 95% 提高到 99%,那么相应的区间是缩小了还是扩大了? 请解释.

- 第四章中误差的概念和比例的置信区间的关系是怎样的? 具体来说,你可以根据第一个问题中的数据决定误差吗?

§17.1 置 信 区 间

上一章我们已经知道选自同一总体的不同样本会对同一个问题给出不同的答案,同时我们还知道,统计学知识可以帮助我们用定量方式描述这些不同答案之间的差异程度以及它们和总体答案的距离.

在实际应用统计方法时,我们却常常需要根据一组样本数据来推断关于样本所在总体的结论. 一种最常用的推断方式就是构造所谓的**置信区间**(confidence interval),它是根据样本数据计算得到的一个值区间,总体的真实值**几乎可以肯定**会落在这个区间里. 对于"几乎可以肯定"一词,我们则用**置信度**(level of confidence)这个数据来定量表示. 如果某个置信区间的置信度为 95%,这就意味着虽然我们无法确认总体值是多少,但从长期来看在所有这样的区间中有 95% 的区间会包含你所关心的总体值,不包含的只有 5%.

最常见的置信度一般为 95%,也就是说如果研究人员在表达中采用了"几乎可以肯定"之类的词句,那么正确的希望至少在 95%,而不正确的风险为 5%. 那么,正确率为 100% 的区间能不能找到? 回答是不能,因为这样就必须把整个总体作为样本,在大多数情况下这是做不到的.当然,在某些情况下,置信度取 90% 也是可以的.

对于不同的样本类型和不同的问题,构造置信区间的方法将会不一样.我们在本章介绍关于比例的置信区间,下一章将介绍关于均值的置信区间.只要理解了这两种置信区间的含义,就可以理解其他各类置信区间.

§17.2　媒体报道的可信度

媒体有关统计研究结果的报道经常会附加构造置信区间所需要的信息,其中有的直接提供一个置信区间,但最常见的是提供可用于构造置信区间的误差数据.例如,绝大多数民意调查结果除了报道样本中持不同意见人群的比例外,还会有相应的误差数据,有了误差数据,就可以根据以下规则构造置信区间:

总体比例的 95% 置信区间的下限等于样本比例减去误差,上限等于样本比例加上误差.

由于误差在报道中常会以"±"开头,因此,95% 的置信区间也可以表述为:样本比例±误差.

以下我们给出媒体报道中有关置信区间的一些例子.

例 53　民意调查.

1994 年 5 月 16 日,美国《新闻周刊》杂志刊登的一项问卷调查中有一个问题为:"你认为最近媒体对克林顿总统私生活的报道是过多? 太少? 还是适当?"结果认为过多的人占 59%,认为太少的人占 5%,认为适当的人占 31%.同时,文章还指出:"上述调查是由普林斯顿调查研究联合会于 1994 年 5 月 6 日以电话问答方式对 518 名成年人所进行的,误差为±5 个百分点,其中有些被访者不在现场."

根据以上数据并结合公式,我们可以算出在总体中认为报道过多的人所占比例为 54%～64%,这种估计的可信度达到 95%.因为置信区间在 50% 的上方,所以我们有足够的理由相信,大多数美国人认为当时媒体对克林顿总统私生活的关注已经过滥了.

例 54　关于被动吸烟的争论.

1993 年 7 月 28 日,《华尔街杂志》刊登了一篇题名为"统计专家站到了被动吸烟争论的第一线"的特写.这篇文章的特色在于它不仅给出一个置信区间,而且把美国环保署和烟草商们关于置信区间的置信度应该如何表述的争论也公之于众.

该文写道:"美国环保署认为,被动吸烟者比不被动吸烟者患肺癌的风险大4%~35%的可能性为90%,这在统计学中就是说区间(4%,35%)的置信度为90%."

文章同时还写道:"一位经常以烟草公司顾问和专家证人身份出现的统计专家则认为:99%的流行病学研究采用的是95%置信区间."

上述争论的关键在于当时的数据还不能给出被动吸烟导致患肺癌风险增加值的精确估计,环保署的统计专家担心如果将置信度提高到95%,会导致置信区间扩大到负数.这样的话,因为公众对置信区间的概念缺乏了解,反而会被烟草公司利用,因而给公众带来被动吸烟会降低得肺癌的风险的印象.

例55　美国艾滋病患者数量.

某杂志在1993年12月14日以"美国的艾滋病感染率可能在下降"为题刊登了美联社的一篇特写.特写指出:以前对美国艾滋病感染人数进行的估计不是基于全部人口的抽样调查,而是根据已发现的患者数目用数学方法推算出来的.接着,文章又指出:现在,在美国国家健康统计中心的主持下,第一批来自美国各地的随机抽样数据已经产生,由此可以推断出实际被感染的美国人的数量为55万人.

这项调查的主要目的之一是为了估计美国目前感染HIV病毒的人数,这种病毒被认为会导致艾滋病.现有的估计数字因为来自各种渠道,所以差异较大,其中最高的达1000万人.这篇报道指出美国疾病控制中心认为被感染的人数最高只有100万人.那么,这次抽样调查的数字是否可以排除有1000万HIV感染者的可能?要回答这个问题,还需要应用置信区间来估计出实际感染人数的范围,于是文章接着写道:

公布这项结果的杰拉尔丁·麦奎兰博士指出:从调查的误差数据可以看出实际的感染人数可能在30万人到100万人之间.这位女博士说:"实际数字可能在美国疾病控制中心估计的数字(100万人)上下,但不会是1000万人."

请注意,在这篇报道中没有直接提及置信区间这个名词,却给出了一个置信区间.文章虽然也没有提及置信度,但估计是95%,因为这是绝大多数统计工作者所使用的.同时我们还可以发现,这里的置信区间并不是"样本值±误差"这样的形式,可能比我们提到的更加复杂,但理解的方法都是一样的.

§17.3　如何计算比例的置信区间

对于类似上一章所列举的简单问题,构造置信区间其实并不困难. 比如,对于比例估计问题,如果样本比例记为 p',总体比例记为 p,根据样本比例规则可知样本比例呈钟形分布,且

$$p' \sim N(p, \sigma^2), \sigma = [p(1-p)/n]^{1/2} \ (n \ \text{为样本个数}). \qquad (17.1)$$

那么其中 95% 的样本比例值位于区间 $(p-2\sigma, p+2\sigma)$ 中.

以上公式换一种角度的理解就是:对于一个给定的样本,可以有 95% 的把握认为总体比例(p)与样本比例(p')的误差不超过 2σ. 注意到 σ 与 p 有关,我们进一步用 p' 代替 p 来计算 σ,则可以得到总体均值的 95% 置信区间为 $(p'-2[p'(1-p')/n]^{1/2}, p'+2[p'(1-p')/n]^{1/2})$.

需要指出的是,钟形分布中有 95% 的数据所在的区间应该是均值±标准差的 1.96 倍,但是在实际应用中一般将 1.96 四舍五入为 2.

例56　"矮丈夫、高妻子"有多少?

在例 15 随机抽取的 200 对夫妇中,有 10 对属于"潘金莲和武大郎"型,于是我们可以算出

$$p' = 0.05, \sigma = [0.05(1-0.05)/200]^{1/2} \approx 0.015,$$

置信区间 $= (0.05 - 2 \times 0.015, 0.05 + 2 \times 0.015) = (0.02, 0.08).$

这样,我们有 95% 的把握认为"矮丈夫、高妻子"在英国约占所有夫妻的 2%~8%.

例57　尼古丁膏药的戒烟效果有多大?

在案例 5.1 中的尼古丁膏药戒烟实验中,120 位志愿者中有 55 位在 8 周以后戒烟成功,则

$$p' = 55/120 \approx 0.46, \sigma = [0.46 \times (1-0.46)/120]^{1/2} \approx 0.045,$$

置信区间 $= (0.46 - 2 \times 0.045, 0.46 + 2 \times 0.045) = (0.37, 0.55).$

这样,我们有 95% 的把握说连续使用尼古丁膏药 8 周后,有 37%～55% 的吸烟者戒烟成功. 我们用同样的方法可以算出使用安慰剂戒烟成功的比例为 13%～27%,由于两者的置信区间不发生重叠,因此可以认为尼古丁膏药的确有效.

1. 置信度与置信区间的关系

如果置信度为 $(1-\alpha) \times 100\%$,那么根据钟形分布,对应的置信区间为

$$\left(p' - Z_{\alpha/2}[p'(1-p')/n]^{1/2}, \ p' + Z_{\alpha/2}[p'(1-p')/n]^{1/2}\right),$$

其中 $Z_{\alpha/2}$ 的含义是:在标准正态分布 $N(0, 1)$ 的分布曲线所围的区域中找到一个占总面积 $(1-\alpha) \times 100\%$ 的关于 Y 轴对称的区间,其两端的横坐标分别为 $(-X, X)$,那么 $X = Z_{\alpha/2}$.

$Z_{\alpha/2}$ 的具体数值可查询标准正态分布表,其中比较常见的有:

a) $\alpha = 0.32$(置信度为 68%), $Z_{\alpha/2} = 1$;

b) $\alpha = 0.05$(置信度为 95%), $Z_{\alpha/2} = 1.96$(或 2);

c) $\alpha = 0.003$(置信度为 99.7%), $Z_{\alpha/2} = 3$;

d) $\alpha = 0.1$(置信度为 90%), $Z_{\alpha/2} = 1.645$;

e) $\alpha = 0.01$(置信度为 99%), $Z_{\alpha/2} = 2.576$.

2. 误差与置信区间

应用本章的置信区间计算公式有一个前提,就是样本数据是通过简单随机抽样得到的. 对于通过诸如综合抽样等其他方式得到的数据,这种公式的精度并不高,而采用"样本值±误差"所构造的置信区间会更加精确. 另外,在第四章曾介绍了关于比例误差的一个近似计算公式:如果样本个数为 n,那么误差 $= (1/n)^{1/2}$.

这样,对于简单随机抽样数据,我们有下述两种方法构造关于比例的 95% 置信区间:

a) 样本比例值 $\pm (1/n)^{1/2}$;

b) 样本比例值 $\pm 2\sigma$.

这两种表示方法一般不相同,否则就意味着 $\sigma = 0.5/n^{1/2}$,这样 $p(1-p) = 0.5^2$,即 $p = 0.5$. 也就是说,当总体比例为 0.5 的情况下,两种表示方法是等价的.

如果 $p \neq 0.5$，则易证明 $\sigma < 0.5/n^{1/2}$，所以采用第一种方法得到的置信区间包含第二种方法得到的置信区间，因此我们也将第一种计算公式称为保守公式。

案例17.1 西尔斯公司请求退还多缴税款案.

按照美国法律，商店每出售一件商品要向当地政府上缴销售税，但是如果该商品不是卖给当地人的话，则可以免缴. 百货连锁公司西尔斯公司位于加州的一家连锁店在例行审计中发现由于工作失误多缴了税款，于是要求政府退还. 显然，如果逐一复核全部数据既费时又费力，西尔斯公司决定先从纳税期发生的所有销售凭据中进行抽样，然后根据样本数据估计出在全部售出商品中卖给外地顾客商品的比例.

根据综合抽样方法，西尔斯公司将为期 33 个月的时间段以 3 个月为单位分为 11 个阶段（这样季节效应也考虑在内了），对每个阶段随机抽取 3 天的凭据作为样本，总共得到 33 个数据的样本. 基于上述样本，公司得到非本地顾客购买商品的比例为 0.367，置信区间为 (0.337, 0.397)，在此期间公司上缴税款为 76 975 美元，因此算出可退税款为 28 250 美元，置信区间为 (25 940 美元，30 559 美元).

在开庭审理中，当庭作证的财会专家认为西尔斯公司的上述做法是审计通用的，可是法官却不同意将这个结果作为退税依据，要求检查所有的凭据. 于是西尔斯不得不来个兜底翻，结果发现多缴的税款为 26 750.22 美元，同时还发现有总额相当于一个月销售额的凭据丢失了. 这样，如果销售凭据齐全，那么多付的税款和抽样调查所得的数据将十分接近. 也就是说西尔斯当初采用抽样方法的决定是正确的.

当然，在这个案例中法官的判决也没有错误，因为法律规定退款凭据必须逐笔核对. 可是，两种方法消耗的成本是截然不同的，首先，在上述案例中，抽样审计所花人力为 300 人·小时，全部审计则费了 3 384 人·小时. 其次，为了保证质量，需要选派经验丰富的审计人员，而这种人员在短时间内并不好找，且工作量增加后就会发生人手不够的情况，从而导致审计时间延长.

练 习

1. 某报刊登的一种治疗季节性过敏性鼻炎的药品广告声称，该药物进行了双盲实验，其中实验组有 374 人，对照组有 193 人，在服用药物的患者中，有 65 人出现了头痛的不良反应.

a) 头痛的样本比例是多少?

b) 上述比例的标准差是多少?

c) 根据上述数据构造关于总体头痛比例的 95% 置信区间,并对此做解释.

2. 继续上题,在服用安慰剂的 193 人中,有 43 人出现头痛.

a) 算出服用安慰剂后出现头痛的人在总体中的比例的 95% 置信区间;

b) 注意到服用安慰剂后出现头痛的比例要高于服用药物,请用这个信息解释:为什么在研究药物潜在的不良反应时,安排对照组服用安慰剂是十分重要的?

3. 1995 年 2 月 6 日,美国《时代》杂志公布了一项电话调查结果. 该调查向 359 位成年美国人提出了以下问题:"你认为国会应该保持还是废除去年制定的关于禁止持有若干种非防身枪支的规定?"有 75% 的人回答"保持".

a) 计算样本比例(0.75)的标准差;

b)《时代》杂志指出,这项调查的误差为 ±4.5%,请验证这个数和在构造 95% 置信区间时在样本比例上所加减的数值相同;

c) 请根据上述信息构造一个有关总体比例的 95% 置信区间,同时用通俗的语言对此进行解释,要让没有受过统计学训练的人也能听得懂,记住:要指出调查结论适用的总体.

4. 指出在以下情况发生后,置信区间宽度的变化情况(增加、减少或不变):

a) 样本数量加倍,从 400 上升到 800;

b) 总体数量加倍,从 2 500 万增加到 5 000 万;

c) 置信度从 95% 减少到 90%.

5. 一所大学正在从两学期制转向三学期制. 校方随机抽取 400 个学生样本,发现有 240 个学生赞成保持两学期制不变.

a) 给出全体学生中赞成保持两学期制不变的比例的 95% 的置信区间.

b) 以上得到的置信区间是否足以令人信服大多数学生赞成保持两学期制不变? 请解释.

c) 现在假设参加调查的学生只有 50 个,其中 30 个赞成保持两学期制不变. 再给出总体中赞成保持两学期制不变的学生比例的置信区间. 这个证据会令人信服吗?

d) 比较 a)和 c)所给出的不同区间,讨论样本大小在基于样本做决策时的作用.

第十八章　置信区间在研究中的作用

问题

　　本章例 58 比较在一年内坚持"只节食、不锻炼"或者"光锻炼、不节食"这两种方式对男性减肥的效果. 结果表明:对只节食的男性来说,其体重平均减少的 95% 置信区间为 6.7~9.0 千克,对只锻炼的男性来说,其体重平均减少 3.2~5.6 千克.

● 你认为这是否意味着有 95% 的节食男性的体重减少数量在 6.7~9.0 千克之间? 请解释.

● 根据上述结果,你是否认为就平均来讲,节食对于减肥的效果要比锻炼好?

● 上述问题的置信区间来自 42 个男性的数据,区间范围约为 2.5 千克. 如果样本增大许多,那么体重平均减少数的置信区间将增大、缩小还是保持不变? 请解释.

● 在第一个问题中,为了比较减肥效果,需要计算两个均值的置信区间. 有没有更加直接的比较方法?

§18.1　总体均值的置信区间

　　在第十七章,我们已经学习了如何根据总体的均值和标准差来估计样本均值. 这一节,我们将学习如何在一组样本数据的基础上决定总体的均值. 事实上,我们只需要知道样本的均值、标准差和样本个数就足够了.

例58　节食和锻炼,哪个更有助于减肥?

　　89 位白领男士进行了为期一年的减肥实验,其中采取节食法的有 42 人,这 42 人的体重平均减轻了 3.6 千克(标准差为 1.85 千克);采用锻炼法的有 47 人,这 47 人的体重平均减轻了 2.0 千克(标准差为 1.95 千克). 问:如果将上述结果推广到所有白领,其结果的可信度如何?

在第十五章中,我们介绍了如下样本均值规则:

如果样本的个数相同,则不同样本的均值的分布近似于钟形曲线,这些样本均值的平均数等于总体的均值,它们的标准差=总体的标准差/样本个数的平方根.

为了避免混淆,样本均值的标准差也称为**均值标准误差**(standard error of mean, SEM)或**标准误差**(standard error).在实际问题中,往往不知道总体标准差,而代之以某一个样本的标准差,由此得到的数据我们不加区别地称之为均值标准误差或标准误差.

1. 总体标准差、样本标准差和标准误差的差别

下面我们通过一个例子说明以上 3 种量之间的差别.在第十六章中,我们把参加某减肥治疗的全部人员作为一个总体,并假设这些人的体重减轻数量满足均值为 4 千克、标准差为 2.5 千克的钟形曲线.进一步,我们选取成员数为 25 的样本,其中有一组样本的均值为 4.16 千克,标准差为 2.37 千克.这样,我们就得到以下数据:

总体标准差=2.5 千克;

样本标准差=2.37 千克;

采用总体标准差算出的均值标准误差=$2.5/25^{1/2}=0.5$;

采用样本标准差算出的均值标准误差=$2.37/25^{1/2}=0.474$.

2. 总体均值置信区间计算公式

下面我们采用和第十七章相同的方法来构造均值的置信区间.根据样本均值规则和第八章的经验法则,易知:

95%样本的均值与总体均值的差距小于标准误差的两倍.

这句话可以等价地表述为

总体均值与 95%样本的均值的差距小于标准误差的两倍.

于是,给定一个样本,那么关于总体均值的 95%的置信区间的计算公式为

样本均值±2×样本标准差/样本个数的平方根. (18.1)

注意,如果总体分布不是正态分布,要使上述置信区间有效,则样本个数不能小于

30. 计算小样本的置信区间已经超过本课程范围,但是对它的理解和本书是相同的.

例 59　例 58 数据的比较一.

下面我们应用上述公式对例 58 的样本数据进行比较.

<table>
<tr><td>节　食</td><td>锻　炼</td></tr>
<tr><td>样本均值＝3.6 千克</td><td>样本均值＝2.0 千克</td></tr>
<tr><td>样本标准差＝1.85 千克</td><td>样本标准差＝1.95 千克</td></tr>
<tr><td>样本个数＝42</td><td>样本个数＝47</td></tr>
<tr><td>标准误差＝$1.85/42^{1/2} \approx 0.285$</td><td>标准误差＝$1.95/47^{1/2} \approx 0.284$</td></tr>
<tr><td>$2 \times$ 标准误差＝$2 \times 0.285 = 0.57$</td><td>$2 \times$ 标准误差＝$2 \times 0.284 \approx 0.57$</td></tr>
<tr><td>95％ 置信区间＝3.6 ± 0.57,即</td><td>95％ 置信区间＝2.0 ± 0.57,即</td></tr>
<tr><td>3.03～4.17 千克</td><td>1.43～2.57 千克</td></tr>
</table>

以上结果表明,对于和样本成员情况类似的人而言,节食会使体重平均减轻 3.03～4.17 千克,而锻炼只使体重平均减轻 1.43～2.57 千克.因为两个区间不重叠,所以可以认为节食对于减肥的效果比光锻炼要好.在 18.2 节,我们还将介绍两者差值的 95％置信区间.

值得注意的是,上述区间只是给出了总体平均数的范围,它们并不等于大多数人实际减肥数量的范围,同时这个范围也不完全正确,正确率只有 95％.

§18.2　均值差值的置信区间

有许多实际问题,人们感兴趣的不是两种条件(或两个小组)中的均值,而是它们的差别,比如,到底是节食减肥有效还是锻炼减肥有效.对于这种问题,如果我们能够计算出两种情况下的平均值,通过直接比较就可以得出结论.否则,就要像上一节所介绍的那样,分别给出两个均值的置信区间,通过比较两个区间的上下限来决定均值的大小.但是,一种更加直接有效的办法是给出均值差值的置信区间,这就是本节内容所要介绍的.

通过前面的介绍,我们可以发现不管是哪种情况,重复采样得到的样本数据服从以总体数据均值为中心的钟形曲线,因此置信区间的估计公式都是采用"样本值±2×差异度量"的形式,而差异度量以标准差为单位,所以我们要计算这个曲线的标准差.

以下是均值差的置信区间估计方法.

a) 在不同条件(或不同小组)中采集足够大的样本(个数分别为 N_1, N_2),分别计算每组样本的均值(X_1, X_2)和标准差(S_1, S_2);

b) 将样本标准差除以样本个数的平方根得到计算每组样本均值的标准误差($\text{SEM}_1 = S_1/N_1^{1/2}$, $\text{SEM}_2 = S_2/N_2^{1/2}$);

c) 算出两个标准误差的平方和的平方根 $(\text{SEM}_1^2 + \text{SEM}_2^2)^{1/2}$ (称为:两个均值差的标准误差)作为差异度量;

d) 均值差的 95% 置信区间为: $X_1 - X_2 \pm 2 \times (\text{SEM}_1^2 + \text{SEM}_2^2)^{1/2}$.

下面我们运用上述方法来比较例 50 的减肥效果.

例60 **例 58 数据的比较二.**

节　食	锻　炼
样本均值＝3.6 千克	样本均值＝2.0 千克
样本标准差＝1.85 千克	样本标准差＝1.95 千克
样本个数＝42	样本个数＝47
标准误差＝$1.85/42^{1/2} \approx 0.285$	标准误差＝$1.95/47^{1/2} \approx 0.284$

均值差的标准误差＝$(0.285^2 + 0.284^2)^{1/2} \approx 0.402$

均值差的 95% 置信区间＝$(3.6 - 2.0) \pm 2 \times 0.402 \approx 1.6 \pm 0.8$,

即 0.8～2.4 千克

以上结果表明:置信区间全部位于 0 的上方,所以我们有相当的把握认为:用节食的方法带来的平均体重减轻数量的确超过用锻炼的方法.

§18.3　置信区间在文章中的表示方式

1. 直接表示法

某杂志关于孕期吸烟和婴儿智力关系的研究报告对每一个数据都给出了 95% 的置信区间,其中大多数是关于吸烟的母亲(每天吸烟超过 10 支)和不吸烟的母亲的差异数. 表 18.1 列出了其中一些数据.

表 18.1　吸烟与婴儿研究的部分 95% 置信区间

每天吸烟数	样 本 均 值		
	0 支	10 支以上	差异(置信区间,CI)
母亲受教育的程度(年)	11.57	10.89	0.68(0.15, 1.19)
满 48 个月时的智商	113.28	103.12	10.16(5.04, 15.30)
出生体重(克)	3 416	3 035	381(167.1, 594.9)

在吸烟和婴儿智力关系研究中,母亲受教育的程度是混淆量之一. 表 18.1 的第一行列举了吸烟者和不吸烟者的平均受教育程度,抽样数据表明:不吸烟者的平均受教育程度比吸烟者要高 0.68 年,从置信区间也可以看出总体上的差异可能在 0.15~1.19 年之间. 换句话说:不吸烟的母亲受教育的时间更长一些.

从表中第二行可以看出,婴儿出生 48 个月后的智商测试结果平均相差 10.16 点. 进一步可以得出总体上智商差异大概在 5.04~15.30 之间.

表中第三行分析了另一种混淆量——出生体重,因为婴儿体重也会影响其智力. 结果表明,不吸烟的孕妇所生婴儿的平均体重比吸烟者的重 381 克. 总体的差异则在 167.1~594.9 克之间. 所以我们可以认为,吸烟者的孩子的平均体重比不吸烟者的要轻,这样的话,吸烟只是影响智力的间接因素.

文章还采用统计方法分析了其他有关的因素对婴儿智力的影响(例如,产妇年龄等),最后得出结论:吸烟对 12 个月至 24 个月的婴儿所造成的智商差别为 2.59, 95% 置信区间为 $(-3.03, 8.20)$;对 36 个月至 48 个月的婴儿,这个差别为 4.35, 95% 置信区间为 $(0.02, 8.68)$.

综上所述,统计知识可以帮助我们从更加广阔的角度去认识吸烟和智力的关系. 例如,从置信区间的角度来讲,在婴儿出生后的 1~2 年内,吸烟对智商的影响可能和我们普遍的认识相反,因为这期间的置信区间包含了小于 0 的部分,即使到了 3~4 岁,也不能排除区别很小的可能,因为此时置信区间的下界还是接近于 0.

2. 标准误差表示法

例 61　DHEA-S 和生理年龄.

DHEA-S 是由肾上腺分泌的一种生化酶,它在人体内的含量和人的生理年龄有密切的关系,也和人的健康状况和紧张状况有关. 一般来讲,DHEA-S 含量高的男性其心脏病的发病率和死亡率都比较低；DHEA-S 含量高的女性，其患乳腺癌和骨质疏松症的可能性就会降低. 科学家们研究了打坐和 DHEA-S 的关系，发现：如果每天练习打坐两次，每次 20 分钟，体内的 DHEA-S 含量相当于小 5～10 岁的人的含量，换句话说，人的生理年龄会小 5～10 年.

这项研究的部分数据如表 18.2 所示，根据标题我们可以看出在"±"后面的就是标准误差，所以它采用的是标准误差表示法. 根据以上信息，我们可以分别构造每一个组的平均含量的 95% 置信区间，也可以得到含量差值的置信区间为 $(117 - 88) \pm 2 \times (12^2 + 11^2)^{1/2}$，即 $29 \pm 2 \times 16.3$，也就是 $-3.6 \sim 61.6$. 读者如果对 DHEA-S 的数值不太了解，就不容易解释这个区间，因为它包含了 0，我们就无法确认实验样本中的差异反映了总体中存在的真正差别，即便这种结论的可信程度只有 95%. 由于区间中大于 0 的部分要远远超过小于 0 的部分，因此它至少提示我们：打坐者体内 DHEA-S 的含量比常人要高.

表 18.2　606 名女性的血清中 DHEA-S 浓度（±SEM）（部分）

年龄组 (岁)	对　照　组		练　习　组		含量增加 (%)
	人数	DHEA-S 水平(μg/dL)	人数	DHEA-S 水平(μg/dL)	
45～49	51	88±12	30	117±11	33

3. 标准差表示法

在案例 5.1 关于尼古丁膏药戒烟效果的研究中，由于人们主要感兴趣的是分类数据，因此采用比例分析法，但研究人员在报告中同时也给出了其他数据，这些数据有助于确认实验对象是否以随机的方式分配. 其中部分数据采用均值、标准差(SD)和区间等方式描述，如表 18.3 所示. 表中区间的表达方式和 95% 置信区间几乎没有差别，但根据后者的定义我们可以确认它们实际上并不是置信区间，所以在阅读专业杂志时必须十分小心，否则就会把一般区间当作置信区间.

表 18.3　实验前的基本数据（每组人数均为 119）

均值±标准差(区间)		实验药剂	
		膏　药	安　慰　剂
实验类型	年　龄	42.8±11.1(20, 65)	43.6±10.6(21, 65)
	每天吸烟数	28.8±9.4(20, 60)	30.6±9.4(20, 60)

　　从表18.3中的数据可以看出,在实验开始前,实验组和对照组成员在年龄和每天吸烟量方面相差很小.进一步,我们可以根据以下步骤计算出每天吸烟量均值差的置信区间:

<table>
<tr><td align="center">实　验　组</td><td align="center">对　照　组</td></tr>
<tr><td align="center">样本均值＝28.8支/天</td><td align="center">样本均值＝30.6支/天</td></tr>
<tr><td align="center">样本标准差＝9.4支</td><td align="center">样本标准差＝9.4支</td></tr>
<tr><td align="center">样本个数＝119</td><td align="center">样本个数＝119</td></tr>
<tr><td align="center">标准误差 $SEM_1 = 9.4/119^{1/2} \approx 0.86$</td><td align="center">标准误差 $SEM_2 = 9.4/119^{1/2} \approx 0.86$</td></tr>
</table>

$$均值差的标准误差 = (0.86^2 + 0.86^2)^{1/2} \approx 1.2$$

$$均值差的 95\% 置信区间 = (28.8 - 30.6) \pm 2 \times 1.2,即 -4.2 \sim 0.6 支$$

　　由此可以看出:虽然实验组的平均吸烟量比对照组的要少,但是因为置信区间包含了0,所以也不排除在总体上前者等于(甚至多于)后者的可能.换句话说,我们不能简单地根据样本均值差异来判定总体均值的差别.

§18.4　一般置信区间

　　除了以上介绍的比例、均值和均值差的置信区间以外,其他统计量也都有相应的置信区间计算公式,但其中有些公式是比较复杂的,所以作者在文章中会省略计算步骤,而直接给出置信区间,这时,读者必须运用在前面所学的方法来解读这些区间的意义.下面我们再来看一个例子.

　　在案例5.2有关脱发与心脏病关系的研究中,研究人员根据秃顶程度来研究心脏病发作(心肌梗死)的相对风险.报道是这样来描述的:

　　　　对于轻度或者中度秃顶者,在排除了年龄因素后,患心肌梗死的相对风险近似于1.3,而全秃者则为3.4(95%置信区间是1.7~7.0),如果把轻度、中度和严重秃顶患者合在一起,则相对风险为1.4(95%置信区间是1.2~1.9).

　　因为计算比较复杂,我们不知道根据年龄调整的相对风险置信区间的公式,但是因为置信区间的上下限关于样本均值并不对称,所以我们知道它并不是前面所述的"样本值±2×差异度量"的形式,不过理解的方法是一样的.比如,我们有

95％的把握认为全秃者患心肌梗死的风险要高于不是秃顶的人,并且风险系数之比可能在 1.7～7.0 之间.

练　习

1.《巴尔的摩太阳报》在 1995 年刊登了由萨拉·哈克内斯博士完成的一项调查结果,这项调查比较美国和荷兰两国出生的 6 个月大婴儿的睡眠模式,发现 33 个美国婴儿 24 小时内平均睡眠时间不足 13 个小时,66 个荷兰婴儿则接近 15 个小时. 该文章没有报道标准差为多少. 如果我们假定两个小组都是 0.5 小时,请给出美国婴儿睡眠时间的均值标准误差(SEM)、95％置信区间以及两个小组均值差的 95％置信区间.

2. 95％置信区间覆盖总体值的概率等于多少?

3. 假设某大学为了了解在校打工学生的平均收入,要求所有学生注册时提供这方面的信息. 你认为学校有必要采用本章介绍的方法计算有关总体平均收入的置信区间吗? 请解释.

4. 已知两个总体均值差值的 95％置信区间,在下列两种情况中,关于总体均值的差值可以有怎样的结论?

a) 置信区间不包含 0;

b) 置信区间包含 0.

5. 已知两种不同条件下某种疾病相对风险的 95％置信区间,在下列两种情况下,对于该相对风险可以有怎样的结论?

a) 置信区间不包含 1;

b) 置信区间包含 1.

6. 根据例 61 有关数据:

a) 算出 45～49 岁之间的打坐练习者和非练习者的平均 DHEA-S 含量差值的 90％置信区间;

b) 根据上述结果,是否可以认为样本的差值的确反映了总体的差值? 请解释.

第十九章　如何避免运气对决策的影响

问题

- 在被告的确无罪的情况下,法官(或者陪审团)判其有罪显然是错误的.请问:陪审团可能犯的另一种错误是什么? 哪种错误更加严重?

- 你对某个问题产生兴趣,也想知道公众对此的答案,于是,先请周围所有的人发表意见,结果这些人中回答"是"的正好占总数的 50%. 然后,你随机抽取其中 400 人的回答,结果发现回答"是"的有 220 人,占总数的 55%. 样本比例规则告诉我们:这种规模样本比例的标准差为 0.025,并且呈钟形分布. 根据前面所给出的有关公式计算样本值 55% 的标准分. 经过多少次采样才会出现这样的或者更大的标准分?

- 假设你根据样本得到了有某种特性的对象在总体中所占的比例值,为了证实在总体中是否也具有同样的比例,你采集了一些数据,结果发现:如果该比例值正确,那么你观察到的比例值位于各种基于同样大小的样本所得比例值的第 99 个百分位. 在这种情况下,你是认为因为自己幸运地采集到了一组神奇的样本,所以基于该样本的比例值在总体中仍然成立,还是放弃原先的假设? 进一步,如果这个百分数下降到 85 或者上升到 99.99,又该会怎样?

- 医学检查中出现的假阳性是指检查指标显示"患者"有病,但是实际并没有得病. 而假阴性则是指检查指标显示"患者"没有生病,但是实际却生病. 请问:在一般情况下,两者中哪一个出现的后果更加严重?

§19.1　基于数据的决策

第十七章和第十八章介绍了如何从总体抽取的样本数据中,计算关于总体情况的置信区间. 人们有时候需要基于置信区间来判断两种条件下的结果究竟是否存在差别.

1. 再探置信区间

有研究表明:脱发者和非脱发者患心脏病的相对风险值的置信区间为 $(1.2, 1.9)$,几乎可以肯定相对风险都大于 1,也就是说脱发者得心脏病的风险要高于非脱发的人.但是,如果置信区间包含 1.0,即使置信水平达到 95%,我们也不能做出以上断言,因为实际情况可能并非如此,甚至还存在着相反情况的可能.同样,如果第十七章关于只锻炼减肥和只节食减肥效果比较的研究结果的置信区间包含 0,那么即使置信水平为 95%,也不能推断节食对减肥的效果一定优于锻炼.

一旦出现了上述假设情况,我们是不是就无能为力了呢? 当然不是,因为出现上述情况有两种可能:

a) 假设在总体中的确不存在;

b) 假设仍然正确,只是采样的"手气"不好,导致采样结果不支持假设.

如果能够证明第二种情况发生的概率很高,我们还是可以相信假设依然成立,采用的方法就是**假设检验**(hypothesis test).

2. 假设检验

假设检验所要解决的问题是:基于样本观察到的关系是否统计显著? 或者说,发现这种关系是不是因为运气好?

本章重点介绍假设检验的基本思想,下一章将着重介绍如何进行一些简单的假设检验并对一些案例进行比较深入的剖析.

我们首先举一个简单的例子予以说明.

例 62　三学期制和两学期制哪个更受学生青睐?

在美国大学,一学年有三学期制和两学期制两种,前者每学期为 10 周,后者每学期为 15 周.假设某大学目前采取三学期制,而学校当局倾向改为两学期制,但听说大多数学生会反对改制,于是计划进行一次调查,如果调查结果证实了上述说法,那么就重新考虑是否实施改制计划.

根据上述背景情况,可供学校当局选择的两种假设为:

a) 对两种学期制,学生没有明显的偏好.这意味着改制不会有大问题.

b) 就像传言所说的那样,大多数学生反对改制. 这样学校停止改制计划.

在调查中,学校随机抽取 400 名学生,请他们发表意见,其中有 220 名表示反对,也就是说过半数(55%)的学生反对改制,这样,假设检验需要回答的问题是:

如果全体学生对学期制没有明显的偏好,或者说是赞成和反对各占一半的话,那么在样本中出现上述结果的可能性为多少?

事实上,上述问题的解决方案我们早已掌握. 我们知道,如果实际上赞成和反对的学生各半,也就是反对比例(p)为 0.5,而样本个数(n)为 400,根据样本比例规则,样本比例的标准差等于: $[p \times (1-p)/n]^{1/2} = (0.5 \times 0.5/400)^{1/2} = 0.025$. 也就是如果反对人数占总人数的 50%,那么样本中反对者的比例应该满足均值为 0.5、标准差为 0.025 的钟形曲线,这样样本比例 0.55 的标准分为 $(0.55-0.5)/0.025 = 2$,经查表可知,该反对比例对应的百分数位于 97.5%~98% 之间. 换言之,如果学生没有偏好,则出现上述情况(或更高值)的概率为 2%~2.5%.

这样,校方必须做出以下抉择:

a) 学生的确没有偏向,可是因为抽样时运气不佳,才出现样本中反对者比例偏高的情况;

b) 学生的确反对改变学期制,也就是说全体学生中反对者的比例实际上超过 50%.

在通常情况下,大多数研究人员认为:如果出现可能性小于 5% 的抽样结果在某次"运气不佳"的抽样调查中出现了,那么我们就不能认为这仅仅是一种巧合. 而上述调查中表明:在正常情况下出现 55% 或者以上的样本比例的可能性只有 2%,所以校方应该认识到,所谓"对半开"的假设是不成立的.

在统计学中,如果根据样本所得的关系或者结论强到足以使我们能通过上述方法排除其中巧合的因素,那么这种关系或者结论也被称为**统计显著**(statistical significant)的.

因此对于上述问题,比较专业的说法是:对三学期改为两学期持反对意见学生的比例高于 50% 的结论是统计显著的.

3. 检验假设的基本步骤

检验假设的具体计算和假设中的变量类型有关,不过基本步骤都可以归结为:

a) 设定零假设和对立假设；

b) 收集整理数据,产生检验统计量(简称:检验量);

c) 假设零假设为真,决定出现该检验量的不可能程度究竟是多少;

d) 做出决定.

(1) 检验假设步骤一：设定零假设和对立假设

零假设(null hypothesis)是指假设研究人员所关心的问题实际上并不存在,具体表述随问题而不同,一般可以有："维持原有结论"、"没有关系"、"纯属巧合"以及"存在变异"等表述方式.

对立假设(alternative hypothesis)也被称为**研究假设**(research hypothesis),研究人员提出假设或者是因为他们认为原有的结论是错误的,或者认为自己发现了前人未发现的联系. 这些假设虽然出自研究者所收集的数据,但并不足以说明在一般情况下也成立. 能够说明在一般情况下对立假设成立的唯一方法是有足够的依据来证明研究者所得到的数据并非偶然. 以下我们试举若干实例.

例 63　陪审团判案.

美国司法制度采用陪审团判案,如果你是陪审团成员之一,你必须假设被告是无辜的,除非有足够的证据证明他(她)是有罪的. 在这种情况下,两种假设分别是：

a) 零假设：被告无罪；

b) 对立假设：被告有罪.

因为控方认为所谓"被告无罪"的原假设是不对的,所以必须开庭审问. 因此,控方就像研究人员采集数据那样去搜集证据,最终目的是让陪审员们相信：如果被告无罪假设成立,那么所有这些证据就不可能存在.

同样,在例 62 中,零假设为"学生对采用何种学期制没有明显的偏爱",对立假设则是"大多数学生反对将三学期制改为两学期制". 校方认为零假设可能是错的,所以进行了调查,如果调查表明反对非常强烈(事实上有 55% 学生反对改变学期制),那么校方就可以断言：一旦推行两学期制将会面临众多人士的反对.

(2) 检验假设步骤二：收集整理数据,算出检验量

回顾例 62,在判断更改学期制是否会面临大多数学生反对时,校方是在将所有的数据归结成样本比例的标准分以后,才做出了最后的抉择.

一般情况下假设检验的决策过程同样也依据一个源于原始数据的综合量,这种数据称为**检验统计量**(test statistic,简称**检验量**). 在第十二章中,我们曾经使用 χ^2 决定两个分类变量的关系是否统计显著的,χ^2 就是这类问题的检验量. 而在本章例 62 判断学生意见时,标准分是判断样本比例是否统计显著的检验量.

（3）**检验假设步骤三:假设零假设为真,决定该检验量出现的不可能程度究竟是多少**

上述问题通常等价于下列问题:

如果零假设的确成立,那么出现支持对立假设的统计量在多大程度上是因为运气?

回答上述问题通常需要利用专业的知识去查找诸如标准分表那样的数据表,但是对于大多数人来说,这种工作通常是由专业人士完成的,结论也以研究报告的形式转达给相关的人士,普通的公众只需要学会如何解读上述结论. 报告一般会给出一个称为 p 值的定量数据,p 值的计算步骤是:

先假定零假设为真,然后基于这种假设,计算步骤二所出现的检验量的可能性,即 p 值.

不幸的是,在刚涉足统计的人员中误解 p 值的有不少. 他们一般把 p 值当成零假设成立的概率. 而事实上,这个概率是根本无法计算的. 例如,在关于阿司匹林和心脏病关系的研究中,我们开始只能说在样本所包含的男性中,服用阿司匹林的人中患心脏病的比例要少于服用安慰剂的人,由此得到的 p 值表示"如果在所有人群中上述两组人员患心脏病的比例没有差别,那么在同样大小样本出现如此差别的可能性". 我们没有办法判定"阿司匹林对心脏病发生率实际上无效"的概率,也就是说,我们无法给出零假设成立的概率.

（4）**检验假设步骤四:决策**

经过以上步骤,我们得出了在零假设成立的基础上,某种指定样本结果出现的不可能程度,这样就可以对以下两种选择进行决策:

选择一:p 值的大小(一般为小)程度不足以令人相信已经排除了运气的存在. 因此,我们不能拒绝用零假设来解释样本中的结果.

选择二:p 值已经足够小,可以令人相信已经排除了运气的存在. 因此,我们拒绝用零假设来解释样本中的结果,而接受对立假设.

需要指出的是,对于零假设我们不可以说"接受",只能说"不能拒绝",因为前者意味着我们实质上已经相信观察到的样本结果纯属偶然. 但是,大多数人错误地将"不能拒绝"理解为"接受",在第二十一章中我们还将进一步讨论这一点.

用统计显著性语言来描述的话,以上两个选择可以表示为:

选择一:样本数据没有表明存在统计显著的区别或联系.

选择二:样本数据表明存在统计显著的区别或联系.

至此,读者可能会想 p 值究竟需要多小才能拒绝零假设,目前大多数研究人员采用的 p 值为 5%,这个数字只是多年来约定俗成的一个值,在某些情况下会失效的.

现在让我们回到例 63 中法庭上陪审团所面临的问题.虽然法律问题一般无法简单地归纳为一个数字,但同样存在和假设检验等价的表达方式:

选择一:本案证据不足以排除存在被告无辜的可能,也就是说我们不能拒绝声称被告无罪的零假设.

选择二:本案证据足以排除一个无辜的人(如零假设所示的那样)与这些事实(数据)有关的可能.也就是说,我们拒绝声称被告无罪的零假设,确认对立假设成立,判其罪名成立.

§19.2 决策中的两种错误

在不确定情况下所做的任何决策都会有出错的可能,在检验假设过程中有两种选择(决策),每种决策都会伴随着可能存在的错误.以法官判案为例,如果选择判决一——宣判被告无罪释放,其潜在的错误是使罪犯逍遥法外;选择判决二——被告罪名成立,则潜在的错误是一方面无辜者被错判而得到相应的惩处,另一方面真正的罪犯却逍遥法外.

这种情况下,究竟该选择哪种? 一般我们需要考虑两种错误所导致后果的严重性.以法院判案为例,虽然判断上述两种错误的后果严重性还要考虑犯罪行为本身以及相应惩罚的严重程度,但是一般认为,第二种选择带来的错误更严重些,因为如此结案会导致两个错误的结果.

1. 医生诊断中的错误

下面我们再考虑"患者"(指确实患病或健康的人,下同)检查疾病的情况.大多数的检验结果不是百分之百正确,因此检验师或者医生在写诊断意见时面临两种假设:

零假设:没病;

对立假设:有病.

以上两种假设更具体的描述是:

诊断一:根据医务人员的经验判断,患者是健康的.同时检验指标值也较弱,可以认为是"阴性".

潜在的错误:患者实际有病在身,却被告知没有病.这种情况下,称患者的检验结果是假阴性.

诊断二:根据医务人员的经验,患者患病情况属实.同时,检验指标值也较强,可以认为是"阳性".

潜在的错误:患者实际没有病,却被告知有病.也就是说患者的检验结果是假阳性.

在医学检验中,上述两种选择造成的错误哪个更严重? 这要看病情以及误诊所造成的后果.

例如,如果"非典型肺炎"患者的试验结果为假阴性,就可能使更多的人被传染,而假阳性的后果可能就是要求患者住院或居家被隔离14~21天.因此"非典型肺炎"试验中假阳性错误的严重性要小于假阴性的严重性.又例如,使用X光检验癌症,假阴性结果会导致疾病延误治疗,假阳性则可能需要患者重新检验一次,两者相比,假阴性的后果更严重.

在HIV病毒检验中,假阳性报告对患者来说带来如入地狱般的心理冲击.为了避免HIV病毒检验中假阳性错误,对于采用便宜的筛分检验结果呈阳性的患者,通常还会再进行一次价格昂贵但准确率更高的检验,然后才会将结果告诉患者.但是,如果首次检验呈阴性,一般不会再做检验,因此,我们必须要求这种检验方式的假阴性比例非常低.

2. 假设检验过程中的两类错误

决策过程必须考虑到上述所讨论的两种错误的均衡,决策时对任何一类错误过分的容忍都是不明智的,采取何种抉择必须因时因地并考虑潜在错误所导致的后果.

一般情况下,假设检验过程中的错误和例63中的法官判案、医生诊断中出现的错误基本一致,我们将它们归结为两种错误类型,其中**第一类错误**(type 1

error)是指正确的零假设被拒绝,**第二类错误**(type 2 error)是指正确的对立假设
被拒绝. 表 19.1 分别列出了在判案、诊断以及假设检验中会出现的错误.

表 19.1　判案、诊断和假设检验中潜在的错误

决　　　策	真　实　情　况	
	无罪、健康、零假设	有罪、患病、对立假设
无罪、健康、不拒绝零假设	正　确	误释、假阴性、第二类错误
有罪、患病、对立假设	误罚、假阳性、第一类错误	正　确

根据以上描述,我们可以发现如果例 62 中校方在修改学制的决策时犯第一类
错误,这就相当于诊断中出现的"假阳性",也就是说学校当局因为一个错误的警示
信号而停止原定的改制计划. 而第二类错误则相当于诊断中出现的"假阴性"——
校方认为学生会同意改制计划,但实际情况却恰好相反.

3. 与两类错误相关的概率

决策时还有一种比较理想的方法,就是计算出每种决策潜在错误发生的概率.
这样,就可以将决策错误的后果和错误发生的概率相权衡. 不幸的是,在大多数情
况下,我们只能算出在零假设成立的前提下,犯第一类错误的条件概率. 这个概率
就是前面所讨论的 p 值,在科学期刊发表的有关假设检验的研究报告一般都会提
供这个数据.

(1) p 值和犯第一类错误的概率

从表 19.1 我们可以发现,如果对立假设成立,那么第一类错误是不会发生的.
而 p 值的真正意义是:"在零假设是正确的情况下,我们却错误地选择了对立假
设"的概率. 所以 p 值是犯第一类错误的条件概率,不是犯第一类错误的概率.

(2) 犯第二类错误的概率

同样,我们可以发现,只有在对立假设成立的前提下才会犯第二类错误,因此,
要计算犯第二类错误的概率,必须已知对立假设正确的概率,所以计算犯第二类错
误的概率也就不可行了.

就拿例 62 所述的改变学期制的例子来说,学校当局无须也不可能为了证明对
立假设成立而给出反对改制的学生比例,他们只是大概地估计出反对人数会过半.

这可能有两种情况:第一种情况,即使反对改制的学生占学生总体的 51%,那么由 400 名学生组成的样本中反对者的比例也有可能不过半数,就会出现尽管零假设不成立却又不被拒绝的情况.第二种情况,如果反对者占学生总数的 80%,那么样本中反对者的比例值一定会使学校当局相信对立假设成立.所以,在前一种情况(反对者的比例为 51%)下很容易犯第二类错误;在第二种情况(反对者的比例为 80%)下则几乎不可能犯第二类错误.可是这两组数据都说明对立假设是成立的.所以,我们无法计算犯第二类错误的概率.

在实际问题中,尤其是科学杂志的研究报道中,通常采用另一种概念**检验功效**(power of test)——在对立假设成立的情况下做出正确决策的概率.我们以例 62 学校改学期制为例,校方根据第二种情况做出"多数学生反对改制"判断的正确概率显然会大于第一种情况.换句话说,如果总体中虽然支持对立假设比支持零假设的人数要多,但差距不大,那么就难以从采样数据中得到足够的证据支持采纳对立假设,在这种情形下,犯第二类错误的概率就相当高,其检验功效就相对较低.科学新闻中经常会指出因为研究的检验功效较低,所以无法发现两个变量之间的关系.

4. 何时拒绝零假设

因为存在上述两类错误,所以在专业杂志发表的论文中,作者常常会给出一个 p 值,具体的结论则交给读者根据自己面临的实际情况做抉择.如果你认为第一类错误的后果非常严重,那么,即使 p 值非常小,你也只好放弃零假设而选取对立假设.

案例 19.1   关于超感存在性的检验.

数个世纪以来,有关人类不通过正常感官所进行的认知或者信息交流的体验时常见诸报端,同时也不乏在睡梦中或者幻觉中出现的现象最终在生活中出现的报道.这种现象统一称为**超感**(extrasensory perception).

在第十五章中,我们曾经提到过:人们通常会因为低估其偶然出现的概率而将某些正常的现象神秘化,因此许多看似神秘的超感现象最终可能的解释是因为巧合.

科学家在实验室里对超感的实验已经进行了几十年.和其他实验一样,这种实验的环境无法和报道所描述的环境完全一致,但是其实验结果经量化以后可以用统计方法进行研究.

(1) 全域实验

研究中关于实验的安排称为**全域实验**(ganzfeld)过程,全域实验需要 4 个人,其中两个为参与者,"发送者"和"接收者"各一人;两个为研究者,分为"实验师"和"助理".

实验过程是这样的:"发送者"和"接收者"分别被送入两间隔音且电磁屏蔽的房间."接收者"头戴耳机,耳机里一直发出嘶嘶的白噪声,乒乓球被切成两半粘在他的眼睛的上方,眼睛则盯住一盏红灯.这样,一方面"接收者"的感官处于工作状态,可以等待有意义的信息;另一方面他不会因为收到屋内任何其他物品所发出的信息,使注意力发生转移.

与此同时,在另一间房间里,"发送者"在看到电视机里出现的一幅静止的画面(静态目标)或者一小段影像(动态目标)以后,试着将上述图像"发送"给"接收者","接收者"虽然对"发送者"所看到的图像一无所知,但可以将所"接收"的图像或者信息通过所佩戴的麦克风用语言描述出来."实验师"可以在一旁监管整个过程并能听到"接收者"的语言描述,"助理"则通过计算机随机选择一幅图像传送到电视机供"发送者"观察.需要指出的是,在场的 4 个人中,只有"发送者"能够看到图像.

我们介绍的实验一共存储了 160 幅图像,动态的和静态的各占一半,实验持续1 小时.

(2) 量化实验结果

由于"接收者"在实验过程中对某些图像的描述和实际图像中的局部区域非常接近,但是语言描述是无法进行定量分析的,因此在实验结束前,"实验师"从被选图像中随机选出 3 幅与测试图像类型相同的图像和测试图像合在一起让"接收者"再观察一次,同时将"接收者"在测试时所做的描述重新播放一遍,让他(她)辨别哪幅图像是"发送者"看到的,如果辨别正确,那么这次测试就是成功的,否则就是失败的.因为包括测试图像在内的 4 幅图像都是随机选择的,所以测试成功的概率为25%,这样就可以得出关于超感的假设检验的统计描述:实验的成功率是否显著地超过 25%?

(3) 假设

零假设:所谓超感是不存在的,实验成功是因为"瞎猫碰到死老鼠",所以成功的概率为 25%.

对立假设:实验成功不能解释为运气好,测试成功的概率大于 25%.

（4）结果

根据 1990 年《心理学》杂志报道,霍诺顿和他的同事们在 1983—1989 年间采用以上所述的实验条件进行了数次实验,在 355 次的观察中,成功的有 122 次.

如此可得样本的成功率为 122/355 ≈ 0.344. 如果零假设正确,实际成功率为 0.25,那么实验的标准差为 $(0.25 \times 0.75/355)^{1/2} \approx 0.023$, 这样测试的标准分为 $(0.344 - 0.25)/0.023 \approx 4.09$, 对应的 p 值为 0.000 05. 这就告诉我们:如果以上结果仅仅因为巧合,那么这就意味着每 10 万次实验出现这样的成功率只有 5 次. 所以,我们可以肯定地说这个结果是统计显著的. 所以,不能排除超感的存在.

当然,关于超感是否存在,社会各界还存在很大的争议. 对于反对者来讲,以上实验结果仍然不足以提高他们"超感存在"的主观概率,但是,从科学的角度出发,如此令人震惊的结果应该使人相信其中一定存在某些超乎常规的东西,因而需要我们用超乎常规的手段来说明它.

练　习

1. 请写出以下研究题目中的零假设和对立假设:

a) 每天在电脑前工作 5 小时以上会对视力造成伤害吗?

b) 新生儿在婴儿培养箱中哺育会导致成年后患幽闭恐惧症吗?

c) 在办公室养花弄草可以减少员工的病假天数吗?

2. 给出题 1 所述各种情况下可能会出现的两类错误以及相应的后果.

3. 请解释:为什么我们可以在已知零假设成立的情况下,算出犯第一类错误的概率,却无法在已知对立假设成立的情况下,算出犯第二类错误的概率?

4. 计算案例 19.1 中的观察成功率的 95％置信区间.

5. 给出案例 19.1 中的第一类错误和第二类错误.

第二十章 假设检验案例研究

§20.1 新闻中的假设检验

假设检验大体上可以分为以下 4 步:

a) 设定原假设和对立假设;

b) 收集数据并将其整理成检验统计量;

c) 由检验统计量决定 p 值;

d) 根据 p 值决定检验结果是否统计显著.

可是媒体关于假设检验的报道大部分只介绍最后的结果,一般较少介绍其中的详情,所以读者应该在掌握假设检验的一般步骤的基础上,将报道中的有关数据对号入座,这样会有助于对报道的正确理解.

媒体一般采用非统计语言叙述研究结果. 例如,将某些统计显著的结果报道为"两种变量之间存在某种关系"或者"两个分组之间存在某种差别",将不是统计显著的结果说成"上述关系或者差别是不存在的".

例 64 **越橘汁与膀胱感染.**

在日常生活中,人们认为服用越橘汁可以帮助老年妇女预防膀胱感染. 有一项研究证实了这种说法,关于这项研究的报道是这样写的:

一项科学研究证实了在许多女性中流传已久的猜想——"越橘汁有助于预防膀胱感染".研究人员发现:在每天饮用 259 毫升越橘汁的老年妇女中,得尿道感染的人数要比饮用外观相似但不含越橘汁的人少一半以上. 这项由美国优鲜沛公司资助的研究结果刊登在今天出版的《美国医学会杂志》上,不过 JAMA 说公司没有干预实验方案的设计、实验结果的分析和解释. 领导这项研究的哈佛医学院老年病专家杰瑞·阿文博士认为"这项研究第一次证明越橘汁能够降低细菌在人尿中的存在".

读了这篇报道,我们可以知道,该研究将老年妇女分成两组:一组每天饮用
295毫升越橘汁;另一组则每天喝同样数量的安慰剂,然后比较两组的人中被感染
的概率.所以相应的零假设应该是:两组人群中细菌感染率的比值等于1,即感染
率相同,对立假设则是:喝安慰剂的小组的感染率要高.消息还进一步透露,两组的
感染率之比小于1/2,查找作为消息来源的研究报告,我们可以发现,实际比值为
0.42,相关的 p 值为0.004.报道抓住了研究中最重要的结论,但是没有说明 p 值
也非常小.

§20.2　比例、均值的假设检验

假设检验统计量的计算已经超过了本教材所涉及的范围,但是读者已经掌握
的计算方法和步骤可以对某些简单情况(例如,比例、均值以及两个均值)做假设
检验.

1. 标准分和 p 值

如果零假设和对立假设表示为总体的比例、均值、均值的差,同时样本个数足
够多,那么检验统计量就是样本比例、样本均值和样本均值差对应的标准分.首先
假设零假设为真,计算相应的标准分,然后从标准分的百分数表中找到相应的
p 值,p 值表示在零假设成立的前提下该样本值出现的百分位数.

下面,我们通过前面已经提到的两个例子来说明一些简单的假设检验过程,读
者从中可以体会到一般情况下假设检验的思想.

2. 双侧假设检验

例 65　节食、运动和减肥.

在第十八章中我们曾对坚持节食一年和运动一年对减轻男性体重的效果进行
过比较,但是体重减轻既可能减少脂肪也可能减少肌肉,减轻体重的真正目的在于
减少脂肪,那么这个目的是否达到了呢? 以下我们给出有关脂肪减少数量的采样
结果.

	只节食		只运动
样本均值	2.95 千克	样本均值	2.05 千克
样本标准差	2.05 千克	样本标准差	1.85 千克
实验人数(n)	42 人	实验人数(n)	47 人
均值标准误差(SEM$_1$)	$\dfrac{2.05}{\sqrt{42}} \approx 0.316$	均值标准误差(SEM$_2$)	$\dfrac{1.85}{\sqrt{47}} \approx 0.27$
差异度量		$\sqrt{0.316^2 + 0.27^2} \approx 0.415$	

下面我们根据 4 个步骤判断用两种方式降脂的效果是否存在差异.

第一步:设定假设.

零假设:两种降脂方式的总体平均减脂量没有差别,即它们在各自总体中平均减脂量的差为零.

对立假设:两种降脂方式的总体平均减脂量有差别,即它们在各自总体中平均减脂量的差不为零.

需要注意的是,在该研究的对立假设中没有预先设定哪种方式的减脂量更多,只是假设有区别. 也就是说只关心的平均减脂量之差是否为零,不关心其正负. 这种检验称为**双侧(假设)检验**(two-sided test),双侧假设适用于只对有无差别感兴趣,而并不关注哪个更大(更有效)的情形,这时 p 值必须给出两个方向上出现误差的概率.

第二步:计算检验统计量.

本例的检验统计量为在零假设成立的情况下样本均值的标准分. 根据原假设,总体平均减脂量一样,所以总体均值差为 0. 现两组样本减脂量均值差为 2.95 千克－2.05 千克＝0.9 千克,由此我们可以算出均值差的差异度量(差值的标准差)为 0.415 千克,所以检验统计值—— 标准分 ＝(0.9－0)/0.415 ≈ 2.17.

第三步:计算 p 值.

由于本例为双侧检验,因此需要同时计算±2.17 的 p 值. 查阅相关表格,我们可以发现,标准分 2.17 对应的百分位数在 98％和 99％之间,比 98.5％略大一点,因此样本标准分大于等于 2.17 的概率为 0.015.同样,小于等于－2.17 的概率为 0.015.因此,总的 p 值为 2×0.015,即 0.03.

第四步:基于 p 值,判断样本结果是否统计显著.

根据上述计算我们可以知道,如果两种降脂方式在总体上不存在差别,则出现上述偏离样本的可能性为 3％,所以我们倾向于认为真实情况并不如零假设所述的那样,换言之,两种降脂方式平均减脂量差别的采样结果是统计显著的,因此拒绝零假设,接受对立假设.

3. 单侧假设检验

例66 **关于克林顿的民意调查.**

1994年5月16日,美国《新闻周刊》公布了一项民意调查,该民调的问题是:"根据你对克林顿总统在各方面情况的了解,你是否认为他具备了你心目中作为总统所应有的诚实品格?"结果在被调查的518名成年人中有233名(占总数的45%)回答"是".请问克林顿的智囊团是否可以因此得出"不到一半的美国人认为克林顿具备了总统应有的诚实品质"?需要说明的是,以上调查采取简单随机抽样方式,而其他采用综合抽样的民调也得出类似的结果.

第一步:设定假设.

零假设:双方意见不分高低,对半开.

对立假设:表示肯定的人不到一半,大多数美国人的回答是否定的.

本例中对立假设只包括了零假设一侧的情形,即肯定者比例小于0.5,没有包括大于0.5的情形.如果调查结果表明肯定者人数过半,那么将因为调查数据不支持对立假设而无法拒绝零假设.

以上对立假设只包含零假设一侧数据的检验称为**单侧(假设)检验**(one-sided test),在计算其 p 值时只使用和对立假设同侧的数据.

第二步:计算检验统计量.

和例65一样,我们首先认为零假设成立,即在总体中肯定者比例为50%,而样本比例为0.45,那么该样本的标准差为 $\sqrt{(1-0.5)\times0.5\div518}\approx0.022$,标准分为 $(0.45-0.5)\div0.022\approx-2.27$.

第三步:计算 p 值.

p 值表示标准分小于或等于 -2.27 出现的概率,经查表,-2.27 对应的百分数是1.16%.注意,因为不是双侧检验,所以我们不需要将1.16%乘以2.

第四步:基于 p 值,判断样本是否统计显著.

由于 p 值小于5%,根据常用的判断法则可知,上述样本是统计显著的,因此我们有理由相信"认为克林顿具备了总统应有的诚实品质的成年美国人不到

50％"是统计显著的.

§20.3　分类变量的 χ^2 检验

在第十一章中我们学会了对两个分类变量间关系是否存在进行假设检验的方法,在这里,我们用一般的假设检验结构将这种方法再重述一遍.

第一步:设定假设.

虽然表述分类变量关系假设的叙述方式因具体问题不同而不尽一致,但是变量间关系假设的表述格式是统一的.例如,零假设可以是"样本中发现的关系纯属偶然",这句话的意思是说,从总体上看,我们知道某个变量所属的类别无法为判断其他变量所在的类别提供任何信息.上述格式的一种简单的表示方式为

零假设:总体中两种变量之间不存在关系.

对立假设:总体中两种变量之间存在关系.

上述检验总是双侧检验,因为我们无法为这种关系的检验指定某个特定的方向.例如,在医学研究中,我们一般不关心某种手术或化疗方法是增加了患病的概率,还是减少了患病的概率,只是问这种手术或化疗方法对某人患病的概率有没有影响.在这种情况下,即使最终对立假设被接受,也不能据此认为两个变量中一个是因,另一个是果.

第二步:计算检验统计量.

通过第十一章的学习我们知道,检验分类变量间关系的统计量为 χ^2 统计量,进一步我们可以知道:如果每个变量都只分两类,那么只要 χ^2 统计量大于等于 3.84,就可以认为检验是统计显著的.用我们现在所掌握的术语来说就是,如果 χ^2 统计量大于等于 3.84,根据 5％判断准则就可以知道应该拒绝零假设.

第三步:计算 p 值.

以上情况是 χ^2 统计量检验问题中最简单的一种.在一般情况下,我们先计算 χ^2 统计量的平方根得到检验的标准分,再查表得到标准分对应的百分数,用 1 减去百分数得到大于标准分的概率,因为是双侧检验,所以我们将概率乘 2,就可以得到检验的 p 值.后面我们将用一个例题来说明计算过程.

第四步:基于 p 值,判断样本是否统计显著.

根据 p 值做出拒绝或接受零假设的决策. 请记住,因为不存在百分之百正确的决策,所以在决策之前还要考虑万一决策失误所带来的后果.

例 67 年轻司机的性别和酒后驾车.

在案例 6.2 和第十一章中,我们讨论了发生在俄克拉何马州的有关酒精含量达 3.2% 以上啤酒购买者的年龄和性别关系的法院判例. 这个案件最后由美国最高法院审理,最高法院查阅了一个"路边随机抽样调查"的材料,该调查材料提供了关于年龄、性别和喝酒习惯等方面的信息,其中有一部分数据涉及"司机性别和检查前两小时内有无喝酒"的关系,我们将这些数据再次列在表 20.1 中.

表 20.1 路边随机抽样调查结果

性　别	近两小时喝酒否		合计	饮酒百分比(%)
	是	否		
男　性	77	404	481	16.00
女　性	16	122	138	11.60
合　计	93	526	619	15.00

在第十一章中我们知道:上述酒后驾车司机比例的性别差异可能是一种偶然结果. 下面我们根据一般的假设检验过程来计算其中的 p 值.

第一步:设定假设.

零假设:总体而言,年轻司机中开车前两小时内是否饮酒与性别无关.

对立假设:总体而言,某一种性别的年轻司机比另一种性别的年轻司机在开车前两小时更容易饮酒.

第二步:计算检验统计量 χ^2.

根据第十一章所述公式可算得 $\chi^2 = 1.637$.

第三步:计算 p 值.

χ^2 统计量的平方根为 1.28,查表可知标准分 1.28 对应的百分数为 90%,这样标准分大于等于 1.28 的概率为 10%. 因为是双侧检验,我们还要计算小于 -1.28 的概率,所以最终的 p 值为 $2 \times 10\% = 0.2$. 这样我们就可以发现,在零假设成立的前提下,出现 χ^2 统计量等于或者大于 1.637 的调查样本的可能性为 20%.

第四步:基于 p 值,判断样本是否统计显著.

p 值表明:如果假设驾驶前饮酒和性别无关,那么在 100 次检查中,会有 20 次出现和样本值相同或者更大的结果,根据 5％法则,我们无法排除上述比例的差异和性别有关的结果可能是一种巧合.

§20.4　专业期刊如何表述假设检验

对同一项研究结果,报纸和杂志一般只摘要报道假设检验的结果(通常人们认为这类报道的结论犯第一类错误的概率为 5％),但是专业期刊一般同时给出检验的 p 值,这就有利于读者根据一类错误后果的严重性和 p 值的大小自行做出判断.下面我们通过前面介绍过的若干案例来说明专业期刊报道假设检验结果的方法.

案例 20.1　**(继续讨论案例 6.1)音乐和空间定位能力.**

此项研究表明:连续听 10 分钟莫扎特音乐也许会提高智商测验中空间定位能力测试题的成绩.为此,所有研究对象都参加 3 种条件下的测试:听莫扎特音乐、听放松音乐和静坐.因为比较的情况超过两种,所以汇总研究结果的检验统计量比我们以前所讨论的要复杂一些,但是假设的设立和 p 值的解释基本相同.

零假设:在听莫扎特音乐、听放松音乐和静坐 3 种情况下,空间辨别能力的智商测验成绩没有区别.

对立假设:在听莫扎特音乐、听放松音乐和静坐 3 种情况下,空间辨别能力的智商测验成绩有区别.

值得注意的是,研究人员并没有预先假设哪种条件下测试成绩更好,有关报道是这样描述的:

关于测试成绩差异度的单因素重复度量分析结果表明:测试对象在听莫扎特音乐后的抽象/空间辨别能力方面的表现要比听放松音乐或者静坐后都好 ($F[2, 35] = 7.08$, $p = 0.002$).

因为此项测试的 p 值只有 0.002,显然我们可以拒绝零假设,转而接受对立假设,即:至少一种情况的结果和其他情况的有差别,不然,相同或者更强的结果在 1000 次实验中只可能出现两次.

研究报告进一步指出：

> 听莫扎特音乐和听放松音乐、听莫扎特音乐和静坐状态都对测试成绩产生显著的差异(它们双侧检验的结果分别为：$t = 3.41$, $p = 0.002$ 和 $t = 3.67$, $p = 0.0008$)；另一方面，听放松音乐和静坐状态之间不存在统计显著的差异(双侧检验结果为：$t = 0.795$, $p = 0.432$).

根据上述内容我们就能发现，研究人员对 3 种不同的情况进行了 3 组不同的对比检验，因为至少听莫扎特音乐和其他两种情况有所不同，听莫扎特音乐和听放松音乐、听莫扎特音乐和静坐的差异因 p 值只有 0.002、0.0008 而被认为是统计显著的，对立假设成立. 听放松音乐与静坐的差异的检验因 p 值高达 0.432 而非统计显著.

案例 20.2　**(继续讨论案例 5.1)尼古丁膏药和戒烟.**

此项研究比较了使用含尼古丁膏药的戒烟率和使用一般膏药的戒烟率，在专业期刊发表的研究报告是这样开头的：

> 经过历时 8 周和 1 年的实验，使用含有效尼古丁膏药的小组的戒烟率更高. 和使用普通膏药相比，8 周的戒烟率之比为 46.7% 对 20%($p < 0.001$)，1 年的戒烟率之比为 27.5% 对 14.2%($p = 0.011$).

以上报告说明研究人员检验了两组假设：一组对应于 8 周的结果；另一组则对应于 1 年的结果. 两种结果的假设都可以表述为：

零假设：在总体中，吸烟者使用含尼古丁膏药和使用不含尼古丁膏药后的戒烟率相同.

对立假设：在总体中，吸烟者使用含尼古丁膏药的戒烟率要高于使用不含尼古丁膏药的戒烟率.

这两种假设都需要单侧检验，报道的 p 值都相当小，只有小于 0.001 和等于 0.011. 因此我们可以得出结论：使用含尼古丁膏药 8 周和 1 年以后的受试组的戒烟率显著地高于对照组.

另外在关于"孕妇吸烟和孩子智商"关系的研究中，研究人员调查了孕妇吸烟对孩子在 1 岁、2 岁、3 岁、4 岁时智商的影响. 我们在前面已经列举了有关该研究报道中的若干置信区间值，实际上报道还同时给出了这些置信区间对应的 p 值，以下是报道内容中的一段：

> 怀孕期间每天吸烟 10 支以上的孕妇所生的儿童在 12 个月和 24 个月时

生长指数的平均值要比不吸烟妇女所生儿童的低 6.97 点(95% 置信区间为 [1.63, 12.31],$p = 0.01$),36 个月和 48 个月则低 9.44 点(95% 置信区间为 [4.52, 14.35],$p = 0.0002$).

这段报道所提供的信息比其他大多数案例的报道都要丰富,既包含了假设检验结果,也包含了置信区间,我们不仅可以知道研究结果是否统计显著,还能够判断研究结果的影响程度,这是一篇出色的报道.

该研究同样检验了两组假设:一组是 12 个月和 24 个月的平均值;另一组是 36 个月和 48 个月的值,但是它们的表述是相同的.

零假设:在样本所属的总体中,怀孕期间每天吸烟 10 支以上的孕妇所生儿童的平均智商和不吸烟孕妇所生儿童的相同.

对立假设:在样本所属的总体中,怀孕期间每天吸烟 10 支以上的孕妇所生儿童的平均智商和不吸烟孕妇所生儿童的不相同.

上述假设需要进行双侧检验,因为研究人员在研究中没有排除吸烟孕妇所生孩子的平均智商实际上会高于不吸烟孕妇所生孩子的可能. 当然,根据置信区间可以看出智商差别是单侧的,p 值则告诉我们这是统计显著的.

案例20.3　统计与参议员选举舞弊案.

《纽约时报》1994 年 4 月 11 日以"统计专家判定宾州选案的纷争"为题,报道了采用统计方法判定在宾夕法尼亚州举行的一场特别选举中是否存在舞弊行为的争论. 不幸的是该报道犯了一个常见的错误:将 p 值理解为"选举结果纯属偶然"的概率. 这样会导致一些不明就里的读者认为选举的确不公.

这件事情的起因是由于一位来自宾夕法尼亚州第二选区的参议员意外去世,因此该选区需要通过特别选举选出一位继任的新议员. 虽然共和党候选人在现场投票中以 19 691 票比 19 127 票的非常微弱的优势击败了民主党候选人,但后者因在场外投票中以 1 391 票比 366 票的显著优势赢得了这场选举.

共和党不甘失败,以选举不公为名要求法院调查在场外计票过程中是否存在偏袒民主党的舞弊行为. 结果在 1994 年 2 月,距离选举结束 3 个月以后,选举所在地——费城联邦区法院法官判定所有场外投票的选票无效,推翻了选举结果.

为了弄清如此巨大的反差中究竟发生了什么,有人邀请统计专家参与此案的上诉过程. 其中有一个统计专家决定调查曾在费城举行的参议员选举结果,以发现现场选票和场外选票之间的关系. 他先后算出了两党候选人在每次选举所获现场选票数的差额以及场外选票数的差额,发现这两种差额是正相关的. 进一步,他对这 21 次选举结果进行回归分析,所得到的回归方程可以根据其中一种差额来预测另一种. 据此该统计专家对上述有争议的选举结果进行了预测. 因为这次选举的现场投票中共和党多出 564 票,据此推断,场外投票中共和党将会以 133 票胜出. 可实际上却是民主党以多 1 025 票的绝对优势获胜.

为了排除有人用巧合来解释上述结果,这位统计专家还进行了假设检验. 零假设为"根据历史数据和现场选票差额,认为场外选票出现如此差额纯属巧合",对立假设则是"某些人为因素影响了这次选举结果". 他经过计算后指出:如果认为选举结果纯属巧合,那么出现如此结果的概率为 6%,即该项假设检验的 p 值为 6%.

可是《纽约时报》却是这样报道的:

> 从预测共和党赢 133 票到民主党最终多得 1 025 票,在 1993 年选举中,共和党流失 1 158 张选票可能是一种偶然,不仅如此,由于偶然因素导致民主党从现场投票失利到场外投票大翻盘并最终赢得选举的可能性更大. 统计学教授经过计算指出:在共和党已经拥有 564 张现场选票优势并预计在场外选举中将以比对手多 133 票的情况下,最终却因总票数丢失 697 张导致民主党人获胜的概率为 6%. 换句话说,这位教授认为:如果以前举行的选举结果可以作为解释当前选举结果的一种可靠依据,那么由于在场外投票中的不正常行为而非偶然原因导致民主党最终翻盘的可能性为 94%.

文章作者将 p 值误解为原假设为真的概率,于是就想当然地认为对立假设为真的概率为 $1-p$. 希望读者不要犯同样的错误. 事实上,p 值只告诉我们在选举公正的前提下出现如此选举结果的概率. 我们不能犯如第十六章所述的"反问题错乱"——由以上结果来推断选举存在舞弊行为的概率.

参与此项调查的其他统计专家也指出:认为历史上的选举结果会在某次特殊选举中重演的想法不一定正确.《纽约时报》同时也报道说:

> 来自宾夕法尼亚大学沃顿商学院的统计专家也同时指出了这位教授观点的局限性. 他认为在过去选举中出现的现场投票和场外选票之间的关系在目前的选举中不一定会继续保持,他问道:难道不可能出现民主党候选人"用积极进取的手段在场外选举中赢得了更多的选票"的情况吗?

尽管这桩公案重审了两次,但每次都维持初审法官所做的判决,共和党人在参议员的位子上一直坐到 1994 年 12 月. 有意思的是,在 1994 年 11 月举行的换届选举中,这位参议员以 393 票之差输给了另一个民主党对手,后者是被控有舞弊行为的特殊选举委员会主席的女儿. 驴象双方对这次选举结果都没有异议.

练　习

1. 假设关于两个均值差异的双侧检验结果的 p 值为 0.08.

a) 根据常用的假设检验准则,我们是否可以得出结论"总体均值之间存在差异"? 请解释.

b) 假设检验时用单侧检验代替双侧检验,并且样本均值提供的信息倾向于支持对立假设.根据常用的假设检验准则,我们是否同样可以得出结论"总体均值之间存在差异"? 请解释.

2. 在已知关于某个总体的随机抽样研究的总体均值(假设)、样本均值、样本标准差和样本大小这 4 个量中,哪些可以作为检验统计量?

3. 为了了解某项标准化考试的考前培训课程是否有助于提高考试成绩,你随机挑选出一组学生,跟踪他们的考试过程,在安排他们参加培训以后再次跟踪他们的考试过程,然后记录每个学生在两次考试中成绩的变化值.

a) 请给出这项研究的零假设和对立假设.

b) 假设第二次考试中学生成绩平均提高 10 分,均值标准差为 4 分,请问标准分为多少?

c) 根据 b)题提供的信息,你可以得出何种结论?

d) 学生考试平均成绩的提高除了参加培训的因素以外,还有没有其他的解释?

e) 还有没有更好的研究办法来排除 d)题所提及因素的影响?

4. 本章例 67 中的检验假设研究了性别与酒后驾驶的关系,请指出其中的第一类错误和第二类错误,并解释它们各自的后果.

5. 大学教授和其他研究人员将他们的研究结果发表在学术期刊上,但是在学术地位最高的期刊上发表的论文只占其来稿中的一小部分. 在许多学科中存在一种争论:学术刊物在处理来稿时是否会因作者的性别而不同.《欧洲科学期刊编辑》杂志 1994 年 1 月号刊登了一份有关这方面问题的报告,其中部分内容如下:

> 同样,《美国医学会杂志》($JAMA$)在论文录用率方面没有发现与通讯作者和责任编辑性别有关的偏向.研究同时发现,在由 1851 篇论文组成的样本中,女编辑邀请的女性审稿人员多于男编辑($p < 0.001$).

请解释以上摘录所包含的两组假设检验并说明每组检验的 p 值.

6. 在案例 19.1 中,有关超感的研究采用静态图像(照片)和动态图像(录像)作为识别对象.经过对研究数据的探讨,我们发现实验是否成功和识别对象的类型之间存在统计显著的联系,χ^2 统计量达到 6.675.请尽可能详细地列出该案例假设检验中的假设、检验统计量、p 值和结论.

第二十一章 显著性、重要性和未知因素

§21.1 实际重要性和统计显著性哪个更重要

看到这里,读者应该认识到统计显著的关系或者差别并不意味着重要的关系或者差别,也就是说统计意义上"显著"的事物在日常生活中并不一定"显著",如果要对其重要程度做判定,就需要知道有关的置信区间,因为它覆盖的范围会告诉我们样本结果中存在的不确定性,例如误差范围等.

例 68 克林顿真的有那么坏吗?

在上一章例 66 中,我们讨论了《新闻周刊》报道的关于克林顿总统是否诚实所做的调查结果,在 518 名成年被调查者中,233 名回答"是",238 名回答"否",其余的不确定.假设检验结果告诉我们,持肯定意见的人数在统计意义下不到总人数的一半.据此,我们是否可以得出结论:"认为克林顿具备了人们心目中作为总统所应有的诚实品格的人明显地不到一半."

以上结论中"明显"一词意味着认同此观点的人所占比例要比 50% 小得多.但事实上,利用第二十章和第十八章的有关知识,我们可以算出持赞成观点的人的总体比例的 95% 置信区间为

$$样本比例 \pm 2 \times 标准差 = 0.45 \pm 2 \times 0.022 = 0.45 \pm 0.044.$$

即区间 [0.406, 0.494],所以实际比例有可能高达 49.4%!虽然这个数字依然小于 50%,但是距离通常意义上"明显小于 50%"还有较大差距.

下面我们换一个角度来检验持反对意见人士所占的比例.零假设为"否定者在总体中的比例为 0.5",对立假设则是"否定者在总体中的比例小于 0.5",相应地,统计量和 p 值分别是 -1.82 和 0.034.因此,我们也只能接受对立假设.这样,我们发现:赞成者和反对者在总体上都不到一半,如果我们只专注其中的一个假设就

会得出错误的结论. 出现上述看似矛盾的情况的原因是因为在接受调查的人员中尚有 9% 的人没有明确表态. 这个例子告诉我们:确切掌握统计数据和置信区间以及假设检验中采用哪些数据是至关重要的.

例 69　阿司匹林的疗效名副其实吗?

案例 1.2 讨论了每天服用一片阿司匹林和心脏病突发之间的关系,检验的零假设为"两者之间没有关系",对立假设为"两者之间有关系",假设的 χ^2 统计量超过 25,对应的 p 值则小于 0.000 01. 因此,足以令我们拒绝零假设.

但是,上述结果只是说明服用阿司匹林和心脏病突发之间存在着非常强烈的统计显著关系,但无论是 χ^2 统计量还是 p 值,它们并没有说明其作用的大小. p 值并没有告诉我们两者之间有关系的概率,只是告诉我们:如果两者在总体中没有关系,那么在样本中发现这种关系的概率是多少.

这时,究竟是否服用就需要了解阿司匹林和心脏病突发之间的关联程度. 研究数据表明:实验组中,心脏病的发病率为 9.4‰;对照组中,心脏病的发病率为 17.1‰,两者之间每千人发病率的差异不到 8 人,也就是说,在每 125 个服用阿司匹林的人员中,其心脏病突发的人会比同样数字的对照组的人减少 1 人.

刊登以上结果的原始报告同时还指出:两个小组心脏病突发的优势为 0.53,其 95% 置信区间为 [0.42, 0.67],也就是说:阿司匹林可使发病率降低近一半.

面对这样的数据,有的人可能会开始服用同样剂量的阿司匹林,有的人则依然无动于衷. 所以,虽然假设检验说明了两者之间的关系有非常强的统计数据作为证据,但这些数据尚不足以构成有关的决策所需的全部信息.

§21.2　样本个数在统计显著性中的作用

尽管真理是客观的,但是生活中诸如"三人成虎"、"谎言重复一千遍就变成了真理"之类的事件却时有所闻,这种看似矛盾的说法是因为大千世界中任何两种变量之间总可以找到哪怕是微不足道的联系,任何两个分组之间也会存在微弱的差别,但只要你坚持不懈,就会收集到足够的数据来发现这种联系或差别.

从统计学角度来看,我们所介绍的标准分统计量和 χ^2 统计量都和样本个数有关,在样本均值和总体均值不变的情况下,样本个数越大,p 值越小,统计显著性就越明显,因此任何零假设都会遭到拒绝.

例 70   同样的相对风险,不同的结论,为什么?

在第十一章中有一个关于妇女首次生育年龄和乳腺癌之间联系的例题,有关数据如表 21.1 所示. 该表的 χ^2 统计量为 1.746, p 值等于 0.19,因此无法拒绝原假设. 换言之,尽管实验数据显示 25 岁后首次生育的妇女得癌症的比例是 25 岁前首次生育的妇女的 1.33 倍,我们没有发现首次生育年龄和乳腺癌之间统计显著的关系.

表 21.1   妇女首次生育年龄和得乳腺癌之间的关系

首次生育年龄	有乳腺癌	无乳腺癌	合 计
大于 25 岁	31	1597	1628
小于等于 25 岁	65	4475	4540
合 计	96	6072	6168

下面,我们换一个角度来分析上述数据. 假设表中数据之间的相对比例关系不变,只是样本个数为原来的 3 倍,那么由计算公式易知 χ^2 统计量也相应增加 3 倍而成为 5.24,对应的 p 值就降到 0.02! 现在我们居然可以认为妇女首次生育年龄和乳腺癌之间存在统计显著的关系.

出现上述看似自相矛盾的结论,关键在于第二次分析中假设"在样本个数增加 3 倍的情况下,各种情况下数据保持同样的比例关系",这实际上已经认为零假设是错误的,只是在首次分析中缺乏足够的证明. 事实上,在样本个数增加时,患病人数不一定随之上升,更不一定能保持原有比例,这时就不一定能够拒绝零假设.

§21.3   不是统计显著的差别就是没有差别吗

通过前面的分析我们知道,研究结果是否统计显著依赖于样本尺寸. 本章例 70 说明了其中一个方面:如果样本足够大,微弱的关系会成为统计显著的关系.

与此相反,如果样本太小,某些重要的关系和明显的差别也会因检验不过关而被人忽视,这时我们称关系的检验功效太低,即:在对立假设成立的情况下做出正确决策的概率太低. 为什么上述概率太低我们就不能做出正确的决策? 因为零假设往往是为人们所熟知的常识或者"规律",现在对立假设以新的知识或者"规律"的形式出现在公众面前,那么除非你有足够的证据说明它的出现是无法用巧合解释的,一般公众人仍然会坚持原有的观点. 因此,即便对立假设的确成立,如果我们缺乏足够的数据,我们也会因证据不足而令人信服地放弃对立假设,这样就无法从样本中发现某些在总体中的确存在的关系.

例 71　**阿司匹林与心脏病.**

阿司匹林与心脏病关系的研究结果的 χ^2 统计量高达 25.01,有很强的说服力,这个关系是经过一个关于医生健康状况课题的长期研究后才被人发现的,参与该项调查的人数达到 22 071 人,否则这个关系就不一定会被人发现.

现在我们假设参与人数只有 3 000 人(这在一般情况下已经算是一个不小的样本了),同时保持原调查结果的相对比例,则可以得到如表 21.2 所示的数据,其 χ^2 统计量为 3.65, p 值只有 0.06,大于 0.05,如此,"服用阿司匹林可以防治心脏病"就不是统计显著的.

表 21.2　阿司匹林与心脏病

实验药剂	患病人数	未患病人数	合计	患病百分比	千人患病数
阿司匹林	14	1 486	1 500	0.93%	9.4
安慰剂	26	1 474	1 500	1.73%	17.3
合　计	40	2 960	3 000		

例 72　**性别、资历和薪酬水平.**

许多大学都希望知道男教师的工资和资历相当的女教师的工资是否相同. 解决这个问题首先要根据男教师的有关数据确定资历和工资的回归方程;其次利用上述方程,根据每个女教师的资历算出其估算工资;再次,计算每个女教师的估算工资和实际工资的差别;最后计算女教师的平均差别,就可以知道女教师的工资是高还是低.

研究人员采用上述方法对美国加利福尼亚大学戴维斯分校的情况进行了研究. 为了使比较结果更有意义,研究人员将教师按专业分成 11 组,结果在 11 个组中都发现女职工的实际工资低于其估算工资的情况,因此,他们认为需要对此现象做进一步的调查. 下面,就让我们来看一看工资差距是否称得上是统计显著的.

以人文专业组为例. 该小组由 92 名男性、51 名女性组成,在考虑资历、获得博士学位年限等因素的情况下,男女教师工资差别的平均值达到 3 612 美元. 假设以上数据所在总体中男女教师工资没有差别,那么这种差别的 p 值为 0.08,有统计知识的读者就会认为没问题,因为差别未达到统计显著标准.同时我们可以算出:在样本个数不变的情况下,平均工资差别超过 4 000 美元才会被认为是统计显著的.因此我们可以得出结论:在综合资历因素以后,加利福尼亚大学戴维斯分校人文专业教师工资的性别差异就平均意义上来讲并不是统计显著的.

当然,说教师工资的性别差异不具有统计显著性,并不是说这种差别就微不足道,我们只是说因为教师工资有自然差异,所以,只有平均差异达到一定的程度才可以认为这种差异是统计显著的.但是就因为人文专业等小组中的差别并不是统计显著而不需要做进一步调查的意见是不正确的.有的学生对此提出一个建议:那些因差别不是统计显著而反对做进一步调查的男教师们请将这"区区"3 612 美元捐给学生做下一年的学费.

案例 21.1 　 UFO 与精神疾患.

1991 年夏天,在一项有 5 947 名成年美国人参与的调查中,有 431 人(占总数 7%)声称看到过 UFO.有人曾撰文称那些自称看到过 UFO 的人可能是因为精神失常而产生的幻觉,加拿大渥太华市卡尔顿大学的尼古拉斯·斯帕诺斯和他的同事们决定对上述说法做一番研究,于是他们在报上刊登广告:"卡尔顿大学研究人员以个别联络方式寻找见过 UFO 的成年人并保证不泄露个人信息",结果引来了 49 位声称看到过 UFO 的志愿者,其中,有 18 人"将空中看到过某种光线或形状认为是 UFO",所以被归入"UFO 不强烈"组,另外的 31 人则因更复杂的经历而被归入"UFO 强烈"组.

为了进行比较,研究人员同样采用广告方式以"性格测试"的名义从社会中募集了 53 名志愿者,另外还招募了 74 名学生,参加活动的学生可以获得心理学课程的学分.

所有志愿者接受了一系列的测试和提问,内容包括:对 UFO 的信仰程度、对神秘主义的信仰程度、心理健康、智力、颞叶稳定性(检验是否因为癫痫而导致错觉)、想象力和是否容易被催眠.

《纽约时报》以"在不明飞行物报告者中未见异常情况"为题对此进行了报道,其中关于研究结果的描述如下:

　　一项对 49 位自称曾与 UFO 邂逅人士所进行的研究表明:除了一贯相信这的确是天外来客的到访以外,在这些人中没有发现不正常的倾向……对上述人员进行的检查中包含用于判别是否存在精神障碍以及智商测试的标准化心理测试,结果表明 UFO 小组中的人的智力比其他小组中的人的智力还略胜一筹.

看了上述报道,你可能会认为:尽管不同小组在智力方面可能存在统计显著的差别,但是在心理健康方面的差别不是统计显著的.但实际情况却并非如此.UFO 小组人员在多个心理测试指标上都取得了统计显著的好成绩,这就意味着他们要比学生和社会人士更健康.这项研究的零假设是"UFO 报告者的心理健康和其他人士没有差别",而研究人员感兴趣的是一个单侧的对立假设:"UFO 报告者的心理健康比其他人士要差."因为检验结果显示前者比他人更健康,这与对立假设不符,所以不能拒绝原假设.对此,研究人员的报告是这样说的:

最重要的发现表明:非但 UFO 小组人员所有的心理健康指标都不低于对照组,反而在其中的 5 项指标中,UFO 小组人员还超过了对照组中的一个或两个.总之,这些发现不支持所谓"UFO 报告者精神不正常"的假设.

§21.4　阅读有关新闻时的注意事项

经过上述讨论,读者可以认识到:不能仅仅依据新闻报道对有关研究结果下结论.下面是本书给予的忠告:

a) 如果为了强调新闻的效应或者关系的重要性,在报道中出现了"显著"一词,读者要想一想该词所表达的是一般的含义还是统计学上的含义.

b) 如果研究基于一个非常大的样本,由此得到的统计显著的关系不一定具有非常重要的实际意义.

c) 如果报道中出现"在研究中没有发现要找的关系和差别"这样的词句,读者需要找出样本个数.如果样本个数不够多,则要寻找的答案在总体中可能是一个重要关系,只不过暂时还没有收集到足够多的证据来证实.换句话说,这项检验功效可能较低.

d) 如果可能的话,找出与假设检验相关的置信区间.当然,这样仍然有可能被误导,但至少你对这种差别的大小或者关系的密切程度有更多的了解.

e) 要判定是单侧检验还是双侧检验.如果像案例 21.1 那样,研究人员感兴趣的是单侧检验却没有提供研究的详细信息,你可能会忽视假设另一侧存在的差别,而误认为没有差别.

f) 有时候,研究人员进行过多种不同的检验,但报道却集中到统计显著的关系上. 请记住:即使最后判定所有的零假设都为真,没有找到任何有意义的结果,那么仍然有可能在 20 次检验中出现一次满足统计显著要求的结果. 因此,对于那些显然进行过多次实验,但其中只有一两个的结果是显著的研究报道要特别留意.

练　　习

1. 案例 6.2 研究了驾驶员性别和酒后驾车之间的关系,第二十章例 67 对该案例的数据再次做了计算,因为 χ^2 统计量只有 1.637, p 值为 0.20,所以无法排除样本数据中存在巧合的可能. 现在,我们假设驾驶员数量扩大 3 倍,而男女驾驶员酒后驾车的比例仍然分别为 16% 和 11.6%.

a) 假设情况下的 χ^2 统计量将是多少?

b) 对于上述样本检验的 p 值约为 0.03. 请重新表述要检验的假设,同时,根据假设后扩大的样本结果,决定你的选择并予以说明.

c) 不管是原始数据还是假设扩大了的样本数据,犯把真当成假的第一类错误的概率为 5%. 现在我们假定在总体中的确存在一种关系,请问:当样本个数增加到原来的 3 倍以后,检验的功效(正确找到关系的概率)是增加还是减少?

2.《新科学家》杂志在 1994 年报道了精神病医生唐纳德·布莱克用一种名为"Fluvoxamine"的药物治疗强迫购物症患者的研究:

　　　在布莱克医生研究中,患者一边服药,一边接受对药物效果的检测,在连续 8 周以后停药,再观察 1 个月. 至今为止对 7 个患者进行了治疗,从结果看效果明显并且出乎意外. 布莱克医生说:购物欲望以及购物时间显著下降,但是当患者停止服药后,症状又逐步重现.

a) 请解释:为什么做双盲实验,即从购物者中随机抽取两组消费者,分别服用药物和安慰剂,效果会更好些?

b) 此项研究的零假设和对立假设分别是什么?

c) 你能根据报道内容对上述假设做出选择吗?

3. 在关于两个总体的均值比较研究的报道中,为什么研究人员需要提供以下信息?

a) 均值差的置信区间;

b) 检验的 p 值以及单侧或双侧检验信息;

c) 样本大小;

d) 研究过程中实施的检验次数.

4. 为什么对那些声称"未发现差别"的研究结果,了解其样本数量非常重要?

5. 我们知道,在零假设为真的情况下出现第一类错误的概率一般设为 5%,而在对立假设成立的情况下出现第二类错误的概率则难以估计,你认为此概率也和样本数量有关吗? 请解释.

6. 在有关阿司匹林和心脏病关系的研究报告中,同时还有阿司匹林和卒中关系的结果,它们来自和前者相同的样本. 结果,在服用阿司匹林小组中,有 80 人出现卒中,而对照组中只出现 70 人. 相对风险为 1.15, 95% 的置信区间为 [0.84, 1.58].

a) 相对风险值达到多少才能表明是否服用阿司匹林和卒中无关? 该数值落在置信区间中了吗?

b) 表述上述研究中的零假设和对立假设. 原始文献中关于该检验的 p 值为 0.41,可以得出何种结论?

c) 比较 a), b) 两种结论,解释它们之间是如何相关的.

d) 服药组中卒中的比例的确高于对照组,却没有引起新闻媒体足够的关注,与此同时媒体却对阿司匹林可以降低心脏病风险的结果给予广泛的报道,为什么?

7. 为什么接受零假设是不明智的?

8. 在两组总体中,一组的自然差异比较大,另一组的自然差异则比较小,哪一组的假设在检验中更容易被拒绝?

参考文献

[1] Jessica M. Utts. *Seeing Through Statistics*. Duxbury Press, 1996

[2] Gudmund R. Iversen, Mary Gergen. 吴喜之等译. 统计学——基本概念和方法. 高等教育出版社,施普林格出版社,2000 年

[3] 陈希孺著. 机会的数学. 清华大学出版社,暨南大学出版社,2000 年

图书在版编目(CIP)数据

让数据告诉你/陆立强编著. —2 版. —上海：复旦大学出版社，2023. 7
ISBN 978-7-309-16790-0

Ⅰ.①让… Ⅱ.①陆… Ⅲ.①数据处理-高等学校-教材 Ⅳ.①TP274

中国国家版本馆 CIP 数据核字(2023)第 050477 号

让数据告诉你(第二版)
陆立强 编著
责任编辑/梁 玲

复旦大学出版社有限公司出版发行
上海市国权路 579 号 邮编：200433
网址：fupnet@ fudanpress. com http://www.fudanpress. com
门市零售：86-21-65102580 团体订购：86-21-65104505
出版部电话：86-21-65642845
浙江临安曙光印务有限公司

开本 787×960 1/16 印张 14.25 字数 247 千
2023 年 7 月第 2 版第 1 次印刷

ISBN 978-7-309-16790-0/T・734
定价：49.00 元